아빠육아로 달라지는 것들

사랑한다면 함께 육아하세요

아빠육아로 달라지는 것들

부모되는 철학시리즈 13

초판 1쇄 인쇄 | 2019년 10월 15일
초판 1쇄 발행 | 2019년 10월 25일

지은이 | 이상범
발행인 | 김태영
발행처 | 도서출판 씽크스마트
주　소 | 서울특별시 마포구 토정로 222(신수동) 한국출판콘텐츠센터 401호
전　화 | 02-323-5609 · 070-8836-8837
팩　스 | 02-337-5608

ISBN 978-89-6529-216-6　03590

- 잘못된 책은 구입한 서점에서 바꿔 드립니다.
- 이 책의 내용, 디자인, 이미지, 사진, 편집구성 등을 전체 또는 일부분이라도 사용할 때에는
  저자와 발행처 양쪽의 서면으로 된 동의서가 필요합니다.
- 도서출판 〈사이다〉는 사람의 가치를 밝히며 서로가 서로의 삶을 세워주는 세상을 만드는 데 기여하고자 출범한 씽크스마트의
  임프린트입니다.
- 원고 | kty0651@hanmail.net
- 페이스북 | www.facebook.com/thinksmart2009
- 블로그 | blog.naver.com/ts0651

이 도서의 국립중앙도서관 출판예정도서목록(CIP)은 서지정보유통지원시스템 홈페이지(http://seoji.nl.go.kr)와
국가자료공동목록시스템(http://www.nl.go.kr/kolisnet)에서 이용하실 수 있습니다.(CIP제어번호: CIP2019038621)

씽크스마트 • 더 큰 세상으로 통하는 길
도서출판 사이다 • 사람과 사람을 이어주는 다리

부모되는
철학시리즈
13

아빠육아로 달라지는 것들

사랑한다면 함께 육아하세요

◆

이상범 지음

◆

추천사

우리 부부는 이 책을 반갑고 기쁜 마음으로 함께 읽었습니다. 그리고 역시 공군 파일럿답다고 느꼈습니다. 흔히 육아책은 아이에만 집중하고 엄마가 아이에게 해야 할 일을 알려주는 데 그치곤 하는데 이상범 대위의 시야는 창공을 나는 듯 넓고 높습니다. 아이를 위한 바람직한 부부 관계를 다루고 심지어 고부 관계도 다룹니다. 일터와 가정을 오가며 힘든 현재와 미래 노년을 내다봅니다. 남자, 남편, 아빠의 입장에서 경험한 육아 내용도 풍부하고 세세하여 놀랍지만, 부모가 된다는 것, 일과 가정을 병행하는 것, 나아가 인생의 진정한 보람과 성공을 위해 가정에서 어떤 정성과 노력을 들여야 하는지 균형 있게 담은 범주와 시각이 놀랍고 새롭습니다. 초보 부모님들뿐 아니라 이미 육아 경험이 있는 분들이 봐도 흥미로우며 많은 깨달음을 얻을 수 있을 것입니다.

인간발달학 박사, 감정코칭협회 초대회장 **최 성 애**
인성교육 전문가, 숙명여대 석좌교수 **조 벽**

아빠육아로 달라지는 것들

이 책의 발간은 정말 반가운 소식이었습니다. 아무리 남성 육아휴직이라는 좋은 제도가 마련되어 있어도 개인이 공감하지 않고 실행하지 않는다면 빛 좋은 개살구로 남을 수밖에 없습니다. 제도 안팎의 여러 어려움 가운데서도 '아빠'의 이름으로 권리를 당당하게 찾은 저자에게 박수를 보냅니다.

22년. 우리나라의 남성 육아휴직자가 1만 명을 넘어서기까지 걸린 시간입니다. 1995년 남성 육아휴직제도가 도입된 이후, 그 숫자는 꾸준히 늘고 있지만 전체 여성 육아휴직자에 비하면 미미한 수준입니다. 남성 육아휴직은 '함께'하는 육아에 대한 사회적 인식을 강화하는 데 반드시 필요한 제도지요. 남성 육아휴직의 필요성에 대해서는 사회적 공감대가 형성되고 있지만, 실제 현장에서 활용하기는 쉽지 않습니다. 왜일까요? 회사에서 눈치를 주거나 업무를 대체할 인력이 없는 경우, 휴직 중 줄어드는 월급 등이 큰 이유이지요.

롯데는 2012년 국내 대기업 최초로 여성 자동육아휴직제도를 도입한 데 이어, 2017년 1월 전 계열사에서 남성 육아휴직을 의무화했습니다. 경제적인 이유로 부담스러워하는 직원도 많다는 점을 고려해 휴직 첫 달에는 통상임금을 100% 지급합니다. 앞으로도 남성육아휴직 활성화에 매진해 개인의 워라밸 증진을 위해 노력해나갈 것입니다.

저자와 같은 개인 차원과 기업 차원의 노력이 어우러져 우리 아이들에게 더 좋은 미래를 가져다 줄 것이라 믿습니다.

롯데그룹 홍보실

한국 사회에서 남자가 육아와 관련한 글을 저술하는 것은 아직 생경하다. 오랫동안 '육아는 여성의 몫'이라는 성역할 고정관념에 사로잡혀 있었기 때문이다. 남성 중심의 마초문화가 지배하는 군대에서는 더욱 그렇다.

저자는 공군사관학교를 나와서 현역 공군조종사로 국가방위의 선봉에서 일하는 군인이다. 공군사관학교가 1997년 사관학교 최초로 여자 사관생도를 뽑음으로써 성평등 측면에서 선구적 면모를 보이는 데 이어서 한 걸음 더 나아가 '아빠육아는 선택이 아닌 필수'라고 주장하며 남성 스스로 전통적 성역할을 깬 것은 놀라운 일이다.

이 책의 아빠육아는 단지 여성을 배려하는 차원에 머무르지 않는다. 육아가 그 누구도 대신할 수 없는 부모 고유의 일이라는 당위론을 펼친다. 아이를 끊임없이 '변화하는 존재'로 바라보는 저자의 인식은 육아를 넘어 보육과 교육의 차원까지 아우르는 것이기에 더욱 놀랍다.

이 책은 육아일기에 가까운 실천서로서, 자녀와 애틋한 스킨십이나 소통 없이 아내에게만 육아를 맡겨온, 나를 포함한 많은 전통적 남성들에게 따끔한 일침을 가한다. 또한 남성의 실천적 육아 참여를 통해 '일·가정 양립'과 실질적인 성평등이 구현되기를 기대하는 여성들에게도 낭보가 되는 책이다.

전 대통령자문 교육혁신위원회 위원, 현 공군사관학교 명예교수 **이재강**

우리나라도 국제사회의 변화에 발맞춰 '워라밸', '일/가정 양립' 등의 캠페인을 통해 성평등 사회를 구현하고자 노력하고 있습니다. 군대에서도 성평등에 기초한 강한 군대 만들기에 힘쓰고 있습니다. 그러나 아직은 변화의 출발점에 서 있지요. 솔직히 말해 군대와 같이 수직적 지휘관계에 놓인 집단에서 남성이 육아휴직을 결심하는 것은 결코 쉬운 선택은 아닙니다. 저자의 용기에 큰 박수를 보내고 싶습니다.

이 책은 육아가 가시밭길이 아니라 가족 구성원의 사랑과 배려를 기반으로 아빠, 엄마가 함께 만들어가는 '아이 키우기'임을 강조하며 사회에 긍정적인 메시지를 전달합니다. 육아휴직을 끝내고 재개한 비행대대 생활과 후배 조종사 교육에 올바른 '아이 키우기' 정신이 깃들어 있는 저자의 모습을 보며, 대대장으로서 무척 보람됩니다.

공군 제51전대 271비행대대 대대장 중령 **오상원**

저자는 자신이 느끼고 배우고 체험한 경험담을 기록한 육아일기를 통해 많은 것을 얻었습니다. 이 책으로 더 많은 아빠들이 용기 내어 육아휴직을 100% 활용하게 되고, 육아정책이 더 활성화되기를 바랍니다. 모든 기관이나 회사에서 좀 더 적극적으로 육아정책을 실행해야 합니다. 그리고 국가차원에서 더 발전된 육아정책을 실시해 더 많은 부모가 성취감을 느낄 수 있길 바랍니다.

이 책을 읽으며 지금은 다 커서 자립한 두 자녀를 양육하던 지난날이 떠올라서 가슴이 뭉클해지고 눈물이 났습니다. 더 잘해주지 못하고 아내에게만 양육을 맡긴 과거의 시간을 되돌릴 수 없어 지금은 후회스럽기도 합니다. 아이는 계속 자라납니다. 멈추지 않고 성장해 언젠가는 부모를 떠납니다. 부디 저처럼 후회하는 아빠가 더는 없기를 바라기에 이 책을 예비아빠, 초보아빠들에게 강력히 권합니다.

롯데케미칼 대산공장 공무팀 책임 **김광진**

엄마가 아빠보다 더 잘해야 한다는 육아서는 잠시 잊으라는 문장을 읽는 순간부터 그동안 엄마라는 이름으로 받았던 심리적인 부담감이 한층 줄어드는 느낌이다. 비행기 조종사인 아빠 저자는 이렇게 외친다. 기내 응급상황시 대처 요령에서 보호자가 먼저 호흡기를 착용한 후 아이를 돌보도록 하는 원리가 육아에도 그대로 적용된다고. 백번 공감하는 말이다. 더구나 육아 영역을 은근히 아내에게만 미뤄왔던 수많은 남편들에게 '육아는 도와주는 게 아니라 함께하는 것'이라고 외쳐주다니 이 얼마나 고마운가.

엄마학교협동조합 이사장 **김 정 은**

아빠육아로 달라지는 것들

사랑한다면
육아하세요

우리는 지금까지 '어떻게 아이를 잘 키울 것인가'만 생각하며 육아를 했습니다. 지금 여러분도 육아를 잘하기 위해 이 책을 보고 있으시겠지요. 그럼 제 책은 어떨까요? 육아를 좀 더 잘하기 위한 책일까요? 맞습니다. 이 책으로 여러분의 육아는 달라질 거라 확신해요. 그러나 그 방법은 여느 육아서와는 조금 다릅니다. 어떻게 다른지 확인해볼까요?

제 글의 목적은 엄마육아만 이야기하는 시대를 끝내는 데 있습니다. 그리고 이를 위해 '아빠육아는 선택이 아닌 필수'라고 주장합니다. 제가 왜 이렇게 생각하게 됐는지를 지금부터 풀어보겠습니다.

대한민국에서 '육아'는 '여성의 몫'이라는 인식이 강합니다. 결혼하면 으레 아내는 아이를 키우고 남편은 직장을 다니는 것으로 인식이 굳어져 있지요. 요즘 들어 맞벌이 부부가 증가하고 있지만, 퇴근 후 집안일과 육아는 여전히 아내의 몫이고 남편의 일은 '회사'에만 국한되어 있는 것이 현실이에요.

그러나 저는 육아휴직을 하면서 접한 육아의 민낯을 통해 '육아는 부부가 함께 해야 한다'는 결론에 이르렀습니다. 아이를 돌본다는 것은 남녀 구분 없이 너무나 힘든, 말 그대로 '전쟁'이며 누구도 여유 부릴 수 없는 고행이기 때문이에요. 육아를 혼자 한다는 것은 기적이며, 그 기적의 이면에는 아내의 눈물 어린 희생이 감추어져 있습니다.

비행기 조종사도 육아에는 초보

저는 평범한 고등학교를 졸업해 누구나 한번은 고민하는 재수 끝에 공군사관학교에 입학했습니다. 사관학교를 선택한 이유는 "들어가기만 하면 이제 공부는 끝이다!"라는 얄팍한 생각에서였죠. 그러나 생도 생활은 생각 이상으로 힘들었어요. 이수해야 할 학점은 다른 대학과 동일하거나 많았고, 무거운 총과 배낭을 메고 숨이 턱까지 차는 것이 무엇인지 알게 해 준 군사학은 덤이었습니다. 생활은 어땠느냐고요?

대학생이 되면 당연히 누릴 거라고 여겼던 자유 대신 숨 막히는 기숙사 생활을 했어요. 덕분에 주중에는 학교를 벗어날 수 없었고, 손꼽아 기다리던 방학에는 동·하계 군사훈련이 잡혀 있어 무언가를 하기에는 애매한 한 달가량을 집에서 쉬기 바빴죠.

많이 양보해서 이 정도면 괜찮다 싶어도, 다림질은 기본이고 모든 옷에 '각'을 잡아야 하는 생활에 주변을 돌아볼 여유조차 없이 지냈습니다. 이런 생도 생활을 4년이나 보내고 나니 제가 내세울 만한 것이라고는 강인한 체력과 정신력뿐이었어요.

이를 바탕으로 지난 2년간 목숨을 건 '비행훈련'을 마치고 현재 조종사의 삶을 살아가고 있습니다. 지금은 예전같이 힘든 훈련은 별로 없지만, 하루에도 수없이 혹시 모를 '사고'에 대비하며 스스로를 한계까지 몰아가는 일에는 전문가라고 자신합니다.

그러나 극한의 훈련과 자기수련을 겪었기에 그 무엇도 두렵지 않았던 저의 오만은 육아 앞에 무릎을 꿇었습니다. 그 앞에서는 정신력이든 체력이든 무엇 하나 내세울 게 없었으니까요.

예상한 것 이상으로 힘든 육아를 겪으며 스스로 끊임없이 질문을 던졌습니다. 그리고 그 질문들에 대한 답을 담은 것이 이 책이에요. 이제 저는 여러분에게 육아가 얼마나 힘든지 자신 있게 알려드릴 수 있습니다. 또한 이 사실을 알리기 위해 육아의 어려움을 최대한 생생하게 담으려고 노력했습니다. 앞으로 설명드릴 육아의 힘든 점은 다음과 같습니다.

육아가 힘든 이유 중 가장 첫 번째는 '누구나 처음 해보는 일'이기 때문입니다. 단언하건대 무언가를 처음부터 잘하는 사람은 없습니다. '처음 치고 잘하는 사람'은 있어도 '처음부터 전문가처럼 잘하는 사람'은 없다는 표현이 더 정확하겠네요. 육아에선 모두가 초보입니다. 무엇을 어디서부터 해야 할지 몰라 우왕좌왕하고, 나름대로 계획해도 내 맘대로 되지 않는다는 것을 금세 깨닫게 되죠. 설사 지금은 육아의 달인이 된 사람이라고 해도 처음에는 모든 것이 낯설고 손에 익지 않았을 것입니다.

다음으로, 육아는 언제나 진행형이기 때문입니다. 이제 조금 익숙해진다 싶으면, 아이는 '내가 알고 있던 아이'에서 '새로운 아이'로 자라나 이전과 다른 '육아'를 요구하죠. 내가 알던 어제의 아이는 사라지고 내일은 또다시 새로운 아이를 키워야 합니다. '내일의 아이'는 우는 이유도 달라지고, 요구하는 것도 점점 많아지며 부모를 곤경에 빠뜨리죠.

육아에서는 '공든 탑이 무너지랴'라는 격언이 통하지 않습니다. 오늘 제 아무리 공들여 쌓은 탑도 내일이 되면 사라지고, 다시 새로운 탑을 쌓아야 하는 것이 육아니까요. 만약 저와 같이 육아휴직을 고단한 직장생활의 '피난처' 정도로 생각한다면, 육아하는 내내 힘든 시간을 보내게 될 수도 있습니다.

육아는 도와주는 게 아니라 함께하는 것

이제 여러분에게 육아에서 가장 중요한 내용을 이야기하고자 합니다. 지금부터 육아를 생각할 때 '아이를 어떻게 키울 것인가'는 잠시 잊으시길 바랍니다. 여러분의 육아는 나아질 필요가 없어요. 현재도 이 생각에는 변함이 없습니다. 그런데 누군가 제게 "당신은 육아를 아주 잘하나요?"라고 물어봤을 때 "그렇습니다"라고 대답할 수 있는가 하면 그건 또 아니에요. 그렇다면 아이를 잘 키우는 법을 말하는 것이 아니라, 육아가 더 이상 나아지지 않아도 된다는 엉뚱한 주장을 펼치는 거냐고 묻는 분도 있을 겁니다. 저의 대답은 이렇습니다.

아이 키우는 것을 고려하기 전에 육아를 생각하는 순서부터 바로잡아야 한다고 말이에요. 무슨 말이냐 하고 고개가 갸우뚱해지시나요? 육아는 아이를 키우는 일이고, 그걸 잘 해내려면 아이에게 집중하기도 바쁜데 무슨 순서를 잡느냐는 생각이 들 수도 있겠지요. 그러나 부모인 우리가 '아이를 키우는 것' 이전에 근본적으로 먼저 생각해야 할 것이 있습니다.

아이를 키울 때는 무조건 주 양육자가 우선시되어야 합니다. 적어도 아빠의 육아 참여율이 낮고 육아의 모든 책임이 엄마에게 전가되는 지금과 같은 현실에서만큼은 엄마가 우선시되어야 해요.

혹자에게는 조금 이기적으로 들릴 수도 있고, 아이를 내 몸보다 끔찍이 여기는 부모들에게 반감을 살 수도 있겠지만, 엄마가 먼저 살아야 아이도 키울 수 있다는 사실은 진리입니다. 제가 이렇게 주장하는 이유를 다음의 예로 설명할게요.

항공운수업이 대중화된 덕에 요즘은 많은 사람들이 여객기를 타고 휴가를 즐기러 갑니다. 비행기 이륙 전에는 어김없이 기내에서 안전교육이 이루어지죠. 당연한 교육이고 여러 번 보았던 것이라 익숙할 수도 있지만, 자세히 살펴보면 의아한 부분이 한 군데 있습니다. 바로 기내에 연기가 발생하거나 산소가 부족한 상황에서의 행동요령이에요.

기내 공기가 오염되거나 산소가 부족한 비상상황이 발생하면 천장에서 산소호흡기가 자동으로 내려옵니다. 이때 유아를 동반한 승객은 "부모가 먼저 산소마스크를 착용한 뒤 아이에게도 씌워주세요"라고 교육받습니다. 유독가스가 발생하거나 산소가 부족한 상황에 노출되면 성인보다 어린아이가 더 위험할 텐데 이 절체절명의 상황에서 아이보다 부모가 먼저 착용하라니, 기내 안전교육이 잘못된 것이 아닌가 하는 생각을 지울 수 없습니다.

하지만 반대로 생각해보세요. 아이부터 마스크를 씌워주다 부모가 정신을 잃는 상황이 벌어진다면? 혹은 아이에게 마스크는 씌웠지만 부모가 쓰지 못해 아이만 홀로 살아남는다면? 아이는 누가 돌볼까요. 이렇듯 위급한 상황이 닥쳤을 때나 사후를 생각해보면 왜 부모가 우선이 되어야 하는지 이해할 수 있습니다. 이것이 최선의 선택이기 때문이에요.

아빠 육아로 달라지는 것들

육아도 마찬가지입니다. 육아 할 때만큼은 주 양육자가 자신부터 챙겨도 괜찮습니다. 오로지 자신만 생각해도 된다고 말하고 싶을 정도로 육아는 힘든 일이기 때문입니다. 무작정 희생만 하다 엄마가 무너지면, 더 이상 육아는 기대할 수 없습니다.

지금까지의 육아는 잊으세요

부모로서 우리는 아이 키우는 일만 생각해왔습니다. 자녀를 어떻게 훌륭하게 양육할지만 고민한 나머지 정작 가장 중요한 것을 놓치고 있는 줄도 모르고 말입니다. 이제는 시작해야 합니다. '어떻게 나를 육아의 고통에서 지켜야 할지'와 그에 대한 해답으로 '어떻게 부부가 함께 육아할지'를 생각해야 하죠. 주 양육자의 노력이 '대우받을 때' 그리고 '육아에서 여자와 남자가 동등해질 때' 비로소 제대로 된 육아를 할 수 있습니다. 그래서 이 책은 '육아 앞에서는 남녀가 평등해야 한다'라는 맥락을 지니고 있으며 그 구성은 다음과 같습니다.

1장 육아휴직하면 편해질 줄 알았죠
2장 이번 생, 육아는 이번이 마지막
3장 저만 유별나서 힘든 걸까요
4장 부부가 함께 나누는 평등한 육아계획

육아의 전반적인 부분을 설명하기에 4개의 장으로는 부족할지도 모르겠습니다. 그러나 '육아 이전에 주 양육자'라는 주제에 관해서는 꽤 심도 있게 다루었습니다. 육아의 본질적인 어려움에 대해 누구든지 고개를 끄덕일 만한 내용들도 넣어서요.

아이를 잘 키우고 싶다면, 행복한 가정을 꾸리길 원한다면 '육아의 고통'에서 '나'를 지켜야 함을 기억해야 합니다. 양육자가 대우받을 때 진정한 육아가 이루어질 수 있어요. 자신을 소중히 여길 때 여러분의 모든 것이 달라집니다.

어떤 근거로 이런 주장을 펼치는지 좀 더 자세히 알고 싶다면, 초보아빠의 고군분투 육아기 속으로 들어가 보시죠!

아빠육아로 달라지는 것들

저만 유별나서 힘든 걸까요

부부가 함께 나누는 평등한 육아계획

육아휴직하면
편해질 줄
알았죠 〜〜〜〜〜〜〜〜

너는 내 운명
평화로운 조리원의 2주가 끝나고
애 보는 게 뭐가 힘들어
집에서 애 보며 쉬기로 했어요
나도 이제 라테파파랍니다

너는 내 운명

"소개팅 해볼래?"

두 살 연상인 지금의 아내를 소개한 사람은 친한 직장상사였습니다. 저를 평소 눈여겨보다가 소개해주셨다고 말씀하셨지만 저는 난감했지요. 제 직장상사는 첫 만남부터 강렬한 인상을 남긴 분이었습니다. 평소 웃기는 할까 싶은 날카로운 얼굴에 굵고 허스키한 목소리로 신입인 저를 잔뜩 겁먹게 했던지라, 아직도 그분을 대할 때면 손에 식은땀이 나거든요. 업무에선 칭찬을 들어본 적이 없고 대부분이 혼난 기억뿐인데, 저의 어떤 면을 보고 소개해주셨는지 알 길이 없었습니다. 잘못된 만남이 시작되는 것은 아닌가 내심 걱정스러웠습니다.

그러나 처음 본 게 믿기지 않을 정도로 '내 사람이다'라는 생각이 든 상대는 그녀가 처음이었어요. 갈색으로 빛나는 머릿결 하며 시원스러운 목소리, 그에 어울리는 커다란 눈망울로 저를 바라보는 모습에 그만 얼굴이 붉어졌습니다. 혹시 제가 전생에 나라를 구했나 하는 생각이 들 만큼 제 이상형이었거든요.

저녁시간에 만났기에 식당으로 자리를 옮겼습니다. 막상 들어섰지만 무엇을 주문할지 몰라 코스요리를 시켰죠. 생각보다 양이 많은 데다 긴장한 탓에 쉽사리 음식을 넘기지 못하고 있었습니다.

"이거 제가 다 먹어도 돼요? 음식 남기는 걸 싫어해서요."
"아, 저는 배가 좀 불러서…… 그렇게 하세요."

그녀는 만족스러운 얼굴로 남은 음식을 자기 접시로 가져가 깔끔하게 비워 냈습니다. 제게는 그 모습마저 사랑스러워 보이더군요. 남의 시선 따윈 아랑곳하지 않고 식사하는 그녀를 빤히 바라보았습니다. 제가 마음에 든 만큼 상대방도 제게 호감을 가지고 있겠거니 생각하면서 말이죠.

그런데 그녀는 그렇지 않았나 봅니다. 그때는 알아차리지 못했지만, 제가 마음에 들었으면 남은 음식을 먹느라 저와 이야기하는 것도 잊지는 않았겠지요. 그녀는 먹기만 하고 저는 바라만 보았으니까요.

매일 아침 문자를 보냈습니다

그녀는 취업준비교육 강사였습니다. 바쁠 때는 주중, 주말 가리지 않고 출강을 나가는데, 주로 다루는 주제는 해외 취업이라고 했습니다. 강사로 일하기 전에는 '크루즈선 승무원'이었다는데, 나중에 물어보니 미국에서 가장 큰 크루즈 회사인 로열캐리비언의 한국인 최초 승무원이었다

아빠육아로 달라지는 것들

고 말해주었습니다.

"잠시만요, 전화 한 통화만 해도 될까요?"

그녀는 저에게 양해를 구하고 걸려온 전화를 받았습니다. 외국인이었는지 영어로 대화를 하더군요. 사무적인 대화였지만, 영어 울렁증이 있고 늘 유창한 영어실력을 가진 사람을 동경해온 저는 이 모습에 결정적으로 푹 빠지고 말았습니다. 그녀는 모르지만 영어로 말할 때 나오는 눈빛이 있어요. 평소보다 더 또렷하고 당당합니다.

그녀는 뚫어져라 바라보는 제가 부담스러운지 급히 전화를 끊었고 다시 어색한 침묵 속에 식사를 마쳤습니다. 각자 일정을 확인하고 다음 약속을 잡았습니다. 저는 모든 주말이 한가했지만 그녀는 그렇지 않았지요. 이번 만남도 어렵게 시간을 내줘서 만났는데 다음 약속은 한 달 뒤에나 가능하다니. 하지만 그것도 배려해서 만든 시간이라 고마울 따름이었죠. 다른 일정이 있던 그녀를 보내고 집으로 돌아왔습니다.

소개팅 이후 하루도 빠짐없이 제가 좋아하는 글귀에 가벼운 아침인사를 담아 메시지를 보냈어요. 첫 만남 이후 다음이 길어지면 보통 쉽게 인연으로 이어지지 않는다는 걸 몇 번 겪어서 깨달은 터라, 어떻게 해서든 연락을 해야겠다는 생각으로 매일 문자를 남겼죠.

그러나 절반 이상은 답장이 늦거나 없었습니다. 소개팅 분위기도 그랬고 매일 아침 꼬박꼬박 보내는 문자에 대한 반응을 생각하면 포기할 법도 했지만, 그녀의 관심을 사기 위해 지치지 않고 연락했습니다. 아니, 포기하고 싶지 않았다는 말이 더 맞을 거예요. '내가 노력을 멈추지 않는다면 다시 만날 수 있을까?' 하는 생각뿐이었어요.

제 정성 덕분인지 두 번째 만남이 이루어졌고, 처음보다는 오랫동안 그녀의 목소리를 들을 수 있었습니다. 이미 짐작하셨겠지만 세 번째 만나는 날 저는 그녀에게 고백했습니다.

혹시라도 거절하면 어쩌나 마음을 졸이며 떨리는 목소리로 고백한 그때가, 인생을 통틀어 몇 안 되는 숨 가쁜 순간이 아니었나 싶네요. 나중에 듣기로는 저를 그다지 내켜 하지 않았지만 주변의 권유에 못 이겨 사귀어 보기로 했다지요. 썩 마음에 드는 건 아니라는 말로 들려 약간 서운하더군요. 하지만 내가 더 잘해서 마음을 돌려야겠다고 다짐하며 연인으로서 첫날을 시작했습니다.

그날 이후로 하루하루가 다르게 느껴졌습니다. 이제야 진짜 인연을 만났구나 싶어 늘 어려워하던 일도 쉽게 해낼 수 있었습니다. 생각만으로도 힘이 솟게 해주는 그녀는 그렇게 저를 세상에서 가장 행복한 사람으로 만들어주었죠.

결혼을 결심하는 데는 저마다 계기가 있는 것 같아요. 나와 가장 잘 맞는 사람을 찾는 게 어디 쉬운 일인가 싶다가도 어떻게 보면 쉬워 보이기도 합니다. 그녀를 함께 있으면 행복하고 믿을 수 있는 사람이라고 느낀 저는 대학로에 있는 어느 극장에서 프러포즈를 했습니다. 그리고 이듬해 추위로 쌀쌀한 1월, 아름다운 예식을 올렸지요.

아기 말고 신혼생활을 즐기고 싶었는데

"아이는 신혼생활을 즐기고 가질까?"

어느 날 아내가 제게 말했습니다. 1, 2년쯤 신혼생활이 필요하지 않겠느냐고요. 저는 사실 결혼하자마자 아내를 닮은 아이를 가지고 싶었습니다. 하지만 지금의 행복도 소중했고, 무엇보다 아내가 실망하는 모습을 보고 싶지 않아서 말없이 고개를 끄덕였습니다.

아내와 함께하는 신혼은 결혼 전과 크게 다르지 않았습니다. 좋지 않았다는 뜻이 아닙니다. 흔히 아이 없는 결혼생활을 연애의 연장선이라고 하죠. 저녁이 되어도 헤어질 필요가 없고, 아침에 눈 뜨면 사랑하는 사람이 곁에 누워 있는 행복을 누릴 수 있었죠. 그러나 오붓한 둘만의 시간도 잠시, 계획하지 않았던 아이가 생겼습니다.

한동안 아내의 목소리를 들을 수 없었어요. 방에서 한 발짝도 나오지 않았지요. 요리에 크게 소질이 없어 며칠은 혼자 라면만 끓여 먹었습니다. 저는 아이가 생겨 내심 좋았지만 겉으로 티내는 실수를 하는 건 곤란했죠. 아내가 썩 내켜 하지 않았기 때문입니다. 모든 일에 계획을 우선시하는 아내의 성격상 지금의 결과는 예상 밖의 일이었으니까요.

아이가 생겨서 좋았지만, 그 때문에 힘들어하는 상대방을 보는 것은 쉽지 않았습니다. 한편으론 아내에게 "그게 그렇게 힘들어할 일이야?"라고 묻고도 싶었지만, 괜히 아내의 감정만 상하게 할까 봐 마음이 진정되기를 기다리기로 했습니다.

그러는 동안 양가 부모님 그리고 가까운 지인들에게서 축하 메시지가 도착했습니다. 아이를 바로 가지지 않겠다고 해서 걱정했다는 둥, 혼수로 아이를 만드는 사람도 있는데 시기가 적절했다는 둥 저마다 반응은 달랐지만 하나같이 제 마음과 다르지 않았죠. 기뻤습니다. 아내도 축하를 받으니 한결 기분이 좋아진 듯했죠. 하지만 그때뿐, 다시 웃는 얼굴을 보게 된 것은 꽤 시간이 흐른 뒤였습니다.

"이제 태교에만 전념할게."

임신한 사실을 안 이후 무척 오랜만에 듣는 것 같은 아내의 첫마디였습니다. 며칠간 고민하느라 수척해진 얼굴을 보니 안쓰러움이 밀려왔죠. 저 역시 고민한 흔적을 얼굴에 띄워보려 애썼으나 통할 리가 없었습니다. 기쁜 한편으로 미안해서 아내가 제일 좋아하는 참치 회를 먹자고 너스레를 떨자 "이제 아무거나 먹으면 안 돼"라며 호된 일갈이 날아왔습니다. 순간 머쓱해졌지만 아내의 배 속에 있는 아이를 생각하니 저도 모르게 피식피식 웃음이 나왔습니다.

아빠육아로 달라지는 것들

평화로운 조리원의
2주가 끝나고

저는 남들과 달리 조금은 특별한 경험을 했습니다. 바쁘신 아버지를 대신해 산통이 오는 어머니 곁을 지키고, 한참 공부해야 할 고등학생 시절 어린 동생들을 돌보느라 힘들었지만 즐거웠던 경험을요. 그때는 그저 너무나 좋았습니다. 운명이라고 생각했죠.

어느 초겨울 어머니의 산통을 지켜보던 고등학생은 어느새 어른이 되어 아내가 해산하는 고통을 함께했습니다. 어머니가 동생을 낳으실 때는 진통으로 병원이 떠나가라 소리 지르시는 것은 들었지만, 분만실에서 동생이 태어나는 장면은 보지 못했습니다. 결정적인 순간에는 분만실 밖에 있을 수밖에 없었어요. 아무래도 어머니가 분만할 때 자녀가 그 자리에 있는 것은 보기 좋지 않다는 의사 선생님의 말씀에, 일부러 학교에서 조퇴까지 하고 왔다는 말조차 꺼내지 못했죠. 동생이 태어나는 순간에 저는 복도를 초조하게 왔다 갔다 해야 했습니다. 그래서 아이가 처음 세상에 나올 때 어떤 모습인지는 몰랐어요.

그래서일까, 열 달을 꼬박 기다려 드디어 내 아이를 품에 안았지만 왠지 어색했습니다. 아내를 실신하기 직전까지 괴롭히고 나온 아이가 조금은 미워도 보였고요. 하지만 아빠로서 그런 마음을 내비칠 순 없었습니다. 아이도 나름 고생하고 나왔을 테니까요.

먼저 아내에게 고생했다는 말과 함께 사랑한다고 속삭인 뒤 아이에게 나머지 인사를 했습니다. 이내 아이는 간호사의 손에 들려 신생아실로 옮겨졌어요. 누군가는 아이와의 첫 만남이 너무 짧아 아쉽다던데, 제게는 얼굴에 핏기 하나 없는 아내를 돌보는 일이 우선이었습니다. 말없이 아내의 두 손을 꼭 잡아 주었습니다.

"다른 생각하지 말고 푹 쉬다 와."

아내가 순산하고 조리원에서 몸조리 중이라는 소식을 주위에 전할 때마다 들은 말입니다. 지금 같으면 무척 고마워할 말이지만, 그때는 그 말의 의미를 잘 몰라서 흘려들었습니다. 이해가 되지 않았죠.

무엇을 상상하든 그 이상

저는 조리원에 있는 동안 푹 쉬라는 주위의 조언에 아랑곳하지 않고, 하루에도 수십 번 병동과 신생아실을 오르락내리락했습니다. 아이의 꼭 감은 두 눈과 무엇인가를 쥐려고 바둥거리는 고운 손을 보며 눈시울을 붉혔죠. 아내 역시 다음 수유시간이 한참 남았는데도 아이를 보러 가자며 졸라 댔습니다.

평화로운 조리원의 2주는 빠르게 지나갔습니다. 어느덧 집으로 돌아갈 때가 되었지요. 아직 밖은 세찬 겨울바람이 불기에 두꺼운 이불로 아이를 꼭 감싸야만 했습니다. 아이가 너무나 작아 몇 겹이나 감쌌는데도 안고 있기가 불편했지만, 온 가족이 함께 집으로 돌아가는 길은 행복하기만 했습니다.

"여보, 어떻게 해야 해?"

난생처음 해보는 육아가 쉽지는 않을 거라고 예상은 했습니다. 처음부터 수월한 게 오히려 이상하겠지요. 주변에서 해주는 조언들을 종합해 봤을 때, 막연하게나마 무엇을 상상하든 그 이상일 거라고 짐작했습니다. 하지만 이 정도일 줄은……. 게다가 어머니를 도와 동생들을 돌본 경험이 있어 자신만만했는데, 아이가 울 때면 어쩔 줄 모르겠더라고요. 혹시 기저귀가 젖어서 그런가 싶어 애꿎은 기저귀만 열었다가 닫았다가 했을 뿐입니다.

물론 전혀 도움이 되지 않았던 것은 아닙니다. 초보 엄마인 아내보다는 아이를 울리는 횟수가 적어 상대적인 우위를 점했죠. 아직 몸이 성치 않은 아내보다 빠른 몸놀림으로 아이가 배고플 때 젖병을 물리고, 젖은 기저귀도 갈아 주고, 울면 안아 주어서일지도 모르겠네요.

그렇게 아내와 함께 육아를 하다가 아침이 되어 다시 회사로 돌아갈 때면 마음이 이만저만 쓰이는 게 아닙니다. 아이와 단둘이 있을 아내가 걱정되지만 어찌할 수 없으니 '어떻게든 되겠지' 하며 옷을 갈아입습니다. 아내도 걱정이 되나 봅니다. 애써 웃으며 배웅하면서도 그늘진 얼굴

에 근심이 한가득인 걸 보니. 눈치껏 오늘 저녁은 밖에서 사와야겠다고
생각하며 무거운 마음을 덜어 봅니다.

아빠육아로 달라지는 것들

애 보는 게
뭐가 힘들어

짧은 출산휴가 뒤 복귀하니 일이 손에 잡히지 않았습니다. 미안하지만 아내 걱정 때문은 아니었어요. 아이가 보고 싶어 업무에 집중이 되지 않았지요. 팔불출이 따로 없었지만 경험해본 사람이라면 이해할 겁니다. 핸드폰만 만지작거리며 언제 또 새로운 아이 사진이 올라오나 기다리게 되고, 정말이지 집을 나서자마자 보고 싶어지는 아이를 하루 종일 보지 못한다는 건 고문과도 같았습니다. 마음은 언제나 집을 향했죠.

평소 같았으면 눈치 보며 칼퇴근은 꿈도 꾸지 못하는데 이제는 명분이 생겼습니다. 힘든 아내를 도와줘야 한다는 이유를 대며 퇴근시간이 되기도 전에 미리 가방을 챙기고 컴퓨터는 종료해 두었습니다. 이제 나가기만 하면 됩니다.

"왜 그렇게 울상이야."

집에 들어선 저를 보자마자 아이를 내던지듯 맡기고 짜증내는 아내에게 한 말입니다. 흔한 말로 눈에 넣어도 아프지 않을 아이를 하루 종일 볼 특권을 가지고 있으면서, 꼭 그렇게 힘든 표정을 지어야 하는지 이해할 수 없었습니다. 특히 아이에게 짜증을 내는 모습은 더욱이요. 그럴 때면 저도 덩달아 화를 냈습니다. 한번 싸움이 시작되면 쉽게 끝나지 않았어요. 사소한 문제에서 출발한 싸움은 지저분해진 집, 생략된 아침밥과 저녁밥에 대한 불평으로 이어지며 늦은 밤까지 계속됐습니다.

"네 아이니 네가 한번 키워봐라. 넌 죽었다 깨어나도 이 기분은 절대 모를 거야!"

싸움이 일상이 되던 어느 날, 핏대를 세우며 서로의 잘못을 헐뜯던 중 아내가 이렇게 말했습니다. 그 말에 저는 더욱 화가 치밀어 올랐습니다. 할 말은 많았어요. 나처럼 잘해주는 남편도 없을 텐데 그걸 몰라주는 아내가 미웠습니다. 다른 집 남편들은 아이 보기 싫어서 일부러 퇴근도 늦게 하고 없던 회식도 잡는다던데, 그동안 날마다 칼퇴근하고 일찍 들어온 제 노력이 한없이 초라해지고 말았습니다.

'그냥 내가 육아휴직 내고 아이를 봐?' 하는 마음이 덜컥 들었습니다. 한편으론 '그래, 될 대로 돼라' 하는 마음도 있었고요. 내가 안으면 더 잘 자고 울음도 뚝 그치는 아이. 아이가 엄마보다 저를 더 잘 따르는 데다, 아내보다 육아경험도 더 많으니 수월할 거라는 생각도 들었습니다.

아내도 직장상사에게 치여 숨 막히는 하루를 보내야 정신을 차릴 거라는 마음도 조금은 있었습니다. 후유, 한번 감정이 뒤틀리기 시작하니

아빠육아로 달라지는 것들

하나부터 열까지 마음에 드는 게 없었어요. 제가 얼마나 힘들게 일하고 돌아왔는지 확실하게 알려주고 싶었습니다. 그래야 다시는 육아가 힘들다고 하지 않을 테니까요. "하루 종일 집에서 쉬었으면서 뭐가 힘드냐?"라는 말로 다시 싸움을 이어 갔습니다.

며칠 뒤 아내에게 지난 일은 미안했다고 사과하며 조심스럽게 육아휴직 이야기를 꺼냈습니다. 표면상으로는 "당신 커리어도 유지해야 하고, 육아보다 일을 더 하고 싶어 하는 것 같으니 기회를 주고 싶어", "아내가 육아휴직을 했으면 남편도 하는 게 공평한 것 같아"라는 이유를 들었지요. 아내는 잠시 고민하더니 알 수 없는 표정을 지으며 "그렇게 하자"라고 대답했습니다. 이때 아내는 알고 있었을까요? 제 속마음을요.

집에서 애 보며
쉬기로 했어요

나름 멋진 말로 포장했지만, 사실 아빠가 육아휴직을 한다는 게 거창한 수식어까지 붙일 만한 일은 아닙니다. 누군가는 비난할지도 모르죠.

먼저 육아휴직을 하겠다는 건 내가 아내보다 아이를 더 잘 본다는 '자만심'에서 나온 결정이었습니다. 아이가 울면 어쩔 줄 모르는 아내보다는 어린 동생을 봐온 '경력'이 있으니 육아를 더 잘할 수 있을 거라는 단순한 생각이었지요.

또 한 가지는 좀…… 쉬고 싶었습니다. 업무와 사람에 치이다 보니 몸과 마음이 지칠 대로 지쳐 있었거든요. 누군가 "온종일 집에서 '사랑스러운 아이'를 돌보는 아내가 부러워서 그런 결정을 했나요?"라고 물어본다면 "그렇습니다"라는 것이 솔직한 마음이랄까요. 그때 '육아'는 제게 일종의 도피처이자 동경의 대상이었으니까요.

"나도 라테파파가 되어 볼까?"

남성의 육아휴직률이 30퍼센트를 넘어 아침이면 정장 차림으로 출근하는 남성과 비슷한 비율로 한 손에는 '라테'를 들고 다른 한 손으로는 '유모차'를 끄는, 여유로움과 기품이 흐르는 유럽의 '라테파파'처럼 될 수 있으리라 기대했습니다. 지금까지 고생만 했으니 의도는 불순하지만 '여유'를 즐기며 멋진 삶을 살고 싶기도 했죠. 그렇게 제 것을 챙기기 위해 '아름다운 말'로 포장하며 아내에게 '출근'을 강요했는지도 모르겠습니다. 이런 제 마음을 아는지 모르는지 고맙게도 아내는 육아 대신 복직을 택했습니다. 혹여나 아내의 마음이 바뀔세라 서둘러 휴직서를 제출하기로 했습니다. 당분간 "불행 끝, 행복 시작!"이라고 마음속으로 외치면서요. 그러나 시작부터 호락호락하지 않았습니다.

"다시 한번 생각해보게."

　직장상사는 휴직서를 반려하며 다시 생각해보라고 권했습니다. 이럴 가능성을 조금이라도 예상했다면 괜찮았을까요. 머리를 한 대 얻어맞은 기분이었습니다. 휴직서만 내면 간단히 해결될 줄 알았던지라 다음 말은 생각조차 나지 않았습니다.

아빠의 쿨한 육아휴직은 없다

법으로 보호받는 권리를 막아설 사람은 없을 거라고 쉽게 생각한 제 잘못이었습니다. 물론 육아휴직을 딱 잘라 거절했다면 저도 다른 방법을 생각했을 겁니다. 그런데 다시 한번 생각해보라니……. 제가 얼마나 고민하고 꺼낸 얘기인지는 중요하지 않은 듯했습니다.

어딜 가나 힘들게 하는 사람이 한두 명은 꼭 있게 마련이죠. 그나마 화내거나 윽박지르는 부류는 편합니다. 최소한 어떤 감정 상태인지 알고 대비할 수 있으니까요. 불행히도 이번은 아니었습니다. 벽에다 대고 이야기하는 기분이었으니. 표정 하나 변하지 않고 매섭게 쏘아보는 모습은 언제 봐도 익숙해지지 않습니다. 도저히 저를 이해해 줄 것 같지 않았습니다.

사람들이 수군거리는 소리가 들려왔습니다. 자세히 듣지는 못했지만, 자기만 생각하느냐, 남은 사람이 얼마나 힘들지 생각은 해봤는지 모르겠다, 승진은 포기한 모양이라는 말이 언뜻언뜻 들렸습니다. 친하던 동료들도 제 눈길을 피했고요.

쿨하게 휴직서를 낸 다음 뒤도 안 돌아보고 당당히 나올 계획이었는데, 다 틀린 셈이었지요. 현실은 제 상상을 훨씬 뛰어넘는 단단한 벽이었어요. 아빠의 육아휴직이라는 편견을 제대로 넘기는 할 수 있을까 점차 걱정이 되었습니다.

너무 답답해 친한 친구들에게 물어보았습니다. 제가 육아휴직을 하면 어떻겠느냐고요. 그때마다 놀라우리만치 '한결같은 대답'을 들을 수 있었습니다. "아이 키우려면 돈이 많이 필요한데 휴직하면 감당할 수 있겠어?", "그냥 애 봐주실 분을 구하는 게 어때?"라는 말과 함께 쓸데없는 생각하지 말라는 핀잔이 덤으로 돌아왔습니다.

그럴 때마다 저는 발끈하며 '왜 육아휴직을 결정했는지'를 구구절절 설명했습니다. 물론 쉬고 싶어서 한다는 말은 빼고서요. 제 설명에 고개를 끄덕이며 격려해준 사람도 있었지만, 대부분은 "안 된다고 했는데 괜히 더 말했다가 찍혀서 고생할 수도 있으니 잘 생각해"라며 냉정한 반응을 보였습니다. 아내에게는 이미 휴직한 것처럼 말했기 때문에 가슴이 답답해졌습니다.

'괜히 이런 생각을 내비친 것은 아닌가?'
'트러블메이커로 낙인 찍혀 고생하면 어떡하나.'

쉽게 포기하고 싶지 않아서

그날 밤 이런저런 생각이 들어 잠이 오지 않았습니다. 후회스러웠죠. 부끄러워지기까지 했네요. 그러나 이미 엎질러진 물, 돌아갈 곳은 없었습니다. 제 품에서 잠든 아이를 보며 다시 한번 힘을 내기로 했습니다. 쉽게 도전했다가 허무하게 포기하는 것에는 신물이 났으니까요.

다음 날, 부서장실에 들어갈 핑계였던 간단한 업무보고를 마치고 조심스럽게 육아휴직에 관한 이야기를 꺼냈습니다. 부서장님은 역시 표정 하나 변하지 않았지요. 하지만 이번엔 포기하지 않기로 단단히 마음먹은 만큼, 이어지는 정적과 무거운 분위기 속에서도 꼿꼿이 허리를 펴고 대답을 기다렸습니다.

한참 뒤 부장님은 휴직을 하면 커리어에 큰 지장이 올 뿐 아니라 연간 계획에 차질이 생길 수도 있는데 괜찮겠느냐고 말씀하셨습니다. 마뜩찮은 어조에 친구의 말처럼 '괜히 말해서 찍혔나'라는 생각을 머릿속에서 지울 수 없었지만, 그래도 대답을 들었으니 굉장한 진전입니다. 이대로 밀어붙여야겠다고 마음먹었습니다. 여기서 물러나면 다시는 휴직 이야기를 꺼내기 어려워질 것 같아 용기를 내 떨리는 목소리로 답했습니다.

> "아내와 남편이 동등한 입장에 서기 위해서는, 남편도 육아휴직을 해야 한다고 생각합니다."

처음의 불순한 의도와는 조금 맞지 않지만, 이런 생각이 전혀 없던 것은 아니었으니 소신껏 제 의견을 밝혔습니다. 부서장님은 조금 당황한 듯했으나 이내 표정을 바꾸고는 생각해보겠다고 하셨습니다. 용기 내어 말하길 잘했다는 생각이 들었죠.

이후로 이어진 몇 번의 상담 끝에 마침내 휴직하는 방향으로 가닥을 잡았습니다. 이렇게 큰 고비를 넘기니 마치 한 차례 악몽이 지나간 것 같았습니다.

나도 이제
라테파파랍니다

우여곡절은 있었지만 감사하게도 육아휴직을 할 수 있었습니다. 자신감은 충만했고, 맨 처음 동기는 다소 이기적이었더라도 배우자를 위해 헌신했다는 사실은 저 스스로 위안하기에 충분했죠. 더군다나 마음만 먹으면 아이와 함께 늦잠을 잘 수도 있고, 날이 좋으면 나들이를 나가 적당한 그늘에서 여유를 즐길 수도 있을 거라는 상상만으로도 입가에 미소가 걸렸습니다. 세상에 저보다 더 행복한 사람은 없을 것 같았습니다.

휴직을 시작하고 맞은 첫날 아침을 아직도 잊을 수 없습니다. 직장을 떠났어도 몸은 기억하는 '제시간'에 일어나 하루를 시작했습니다. 밖으로 나가자고 보채는 아이를 유모차에 태워 집 앞 큰길가로 나갔습니다. 사람들이 출근하는 모습이 보입니다. 비록 라테 한잔을 들진 않았지만 마음만은 이미 라테파파였어요. 얼굴에 저도 모르게 번지는 웃음을 참으며, 속으로 '이제 나는 해방이다!'라고 외쳤습니다. 사람들이 뭐라고 하든 상관없었어요. 이제부터 아이에게만 집중하면 되니까요.

사실, 그때만 해도 육아가 다른 어떤 것의 시작일 줄은 꿈에도 몰랐습니다. 정말입니다. 알았다면 제가 하겠다고 나서지 않았을 거예요. 돌이켜보니 처음부터 잘못됐던 것 같습니다. '해방'이라는 생각이야말로 육아를 편견어린 시각으로 바라본 산물이었음을 고백합니다. 저는 남자들 세계에서 흔히 들어온 "나도 집에서 애 보며 쉬고 싶다"라는 말을 그때까지도 믿고 있었습니다. 그 말을 곧이곧대로 받아들이는 것은 물론 심지어 동경해왔습니다. 그랬으니 우여곡절 끝에 그토록 바라 마지않던 라테파파가 되었겠지요.

잠깐 이야기가 다른 곳으로 샜네요. 아내가 복직하는 첫날이었습니다. 그동안 아내가 늦잠을 자서 아침을 챙기지 않으면 한껏 잔소리를 늘어놨던 기억에, '나는 그러지 말아야지' 하는 마음으로 아침상을 준비했죠.

아내가 모처럼 정장을 갖춰 입고 식탁에 앉았습니다. 그녀는 밝은 성격이라 조그마한 일에도 자주 기뻐하곤 했는데 오늘따라 더 환하게 웃으며 식사를 했습니다. 입 밖으로 소리 내어 말하진 않았지만, 아마도 밥이 맛있어서 그랬을 거라 생각하니 새벽부터 일어나 준비한 보람이 있습니다. 한 그릇을 싹 비운 아내가 현관을 나섰습니다. 또각또각 경쾌한 구두 발자국 소리를 들으며 무슨 생각을 했느냐고요?

'뭐가 그리 좋을까?' 하는 생각이었습니다. 집에서 걱정 없이 쉴 수 있는 특권을 내려두고 힘든 일만 가득한 출근길이 말이죠. 뭐, 이제 제가 걱정할 일은 아닙니다. 저는 아내가 벌어오는 돈을 쓰며 편하게 지내면 되니까요. 그렇다고 너무 밉상으로 보지는 말아주세요. 아내도 그동안 집에서 쉬었으니 저라고 그러지 말라는 법은 없지 않습니까? 부럽다면 여러분도 저처럼 결심하고 행동으로 옮기면 됩니다. 말리지 않아요.

아빠육아로 달라지는 것들

육아휴직과 급여 신청

1. 육아휴직

'만 8세 이하 또는 초등학교 2학년 이하의 자녀가 있는 근속기간 6개월 이상의 남녀근로자'라면 신청할 수 있다. 단, 같은 자녀에 대해 배우자가 육아휴직 중이 아닌 근로자여야 하며, 이 기간에 '육아휴직'과 '육아기 근로시간 단축(대체제도)' 중 하나를 선택하거나 병행해서 휴직할 수 있다. 육아휴직 급여는 '신청기간이 30일 이상', 휴직일 시작 이전 '피보험 단위기간이 180일 이상'일 때 받을 수 있다.

월 통상임금 200만 원 기준, 육아휴직급여

	0~3개월	4~12개월
육아휴직	200만 원의 80% = 160만 원 최대 150만 원, 최소 70만 원 기대 수령액 = 150만 원	200만 원의 50% = 100만 원 최대 120만 원, 최소 70만 원 기대 수령액 = 100만 원
연속 육아휴직	200만 원의 100% = 200만 원 최대 250만 원 기대 수령액 = 200만 원	200만 원의 50% = 100만 원 최대 120만 원, 최소 70만 원 기대 수령액 = 100만 원

*부모가 한 아이를 위해 연속해서 육아휴직을 하는 경우 '아빠의 달 특례' 적용, 첫 3개월간 통상임금의 100%(최대 250만 원)가 지원됨.
*단, 위의 '기대 수령액'에서 25%는 '사후지급금' 개념으로 공제되며, 복직 후 6개월 뒤에 일시불로 지급함.

2. 육아기 근로시간 단축

'육아휴직과 동일 조건을 가진 남녀'가 휴직 대신 신청할 수 있으며 단축 후 주당 근로시간은 15시간 이상, 30시간 이내로 제한한다.

월 통상임금 200만 원/160시간 근무 기준, 80시간을 단축한 근로자가 30일 이상 육아기 근로시간을 단축하였을 때의 급여

근로급여(회사 지급)	단축급여(고용센터 지급)
80시간에 대한 급여, **실 수령금액 = 100만 원**	200만 원의 80% = 160만 원(160시간 기준) 80시간에 대한 급여 = 160만 원/2=80만 원 최대 150만 원, 최소 50만 원 **실 수령액 = 80만 원**
총 급여: 100만 원(회사) + 80만 원(고용센터) = 180만 원	

3. 급여 신청

1) 필요서류

• 육아휴직/육아기 근로시간 단축 급여 신청서

• 육아휴직/육아기 근로시간 단축 확인서 1부(최초 1회)

• 통상임금을 확인할 수 있는 증빙자료(임금대장, 근로계약서 등) 사본 1부

• 육아휴직/육아기 근로시간 단축 기간에 사업주로부터 금품을 지급받은 경우 이를 확인할 수 있는 자료 사본 1부

2) 신청방법(온라인 또는 오프라인)

• 사업주(기업회원, 최초 1회)가 확인서를 접수한 후 신청자가 고용센터 홈페이지에서 신청

• 신청자가 주거지역 또는 사업장관할 고용센터에 방문하여 신청(우편도 가능)

3) 기타사항

• 당월에 대한 휴직급여 신청은 다음 달 말일까지 해야 함

• 일괄신청도 가능하나, 휴직이 끝난 후 12개월 이내에 신청해야 함

• 신청 급여는 2주 내로 입금됨

4. 법적 보호

아빠육아로 달라지는 것들

1) 육아휴직을 정당한 사유 없이 거부한 사업주: 500만 원 이하의 벌금

2) 육아휴직 및 육아기 근로시간 단축을 이유로 근로자를 해고하거나 그 밖에 불리하게 처우한 사업주: 3년 이하의 징역 또는 2,000만 원 이하의 벌금

3) 휴직 복귀 후 근로자에게 전과 같은 업무 또는 같은 수준의 임금을 지급하는 직무에 복귀하도록 하지 않은 사업주: 500만 원 이하의 벌금

이번 생,
육아는 이번이
마지막

악마가 되었습니다

잠 한번 푹 자봤으면

바보같이 파스만 붙이며 버렸네요

시어머니는 잘해줘도 시어머니

싸우려고 결혼한 걸까, 결혼해서 싸우는 걸까

기념일을 잊었다는 건, 나를 잊은 거야

너무나 외로워서 눈물이 났습니다

아빠 마음은 흐림

¶

이 장에서는 육아를 하며 겪은 이야기를 본격적으로 풀어 놓으려고 합니다. 예상하시겠지만 '얼마나 힘든가'에 관한 이야기가 주를 이룰 겁니다. 그전에 하나만 묻겠습니다. 처음 임신했다는 걸 알았을 때 어떤 생각이 들었나요? 혹은 주변 지인들의 반응은 어땠나요? 아마도 사람마다 다른 반응을 보였겠죠. 준비해야 할 육아용품을 알려주는 사람도 있었을 테고, 육아정보 관련 카페나 블로그를 알려주는 사람도 있었을 거예요. 임신한 당사자라면 배 속의 아기에게 어떤 태명을 지어줄까 고민하기도 하고, 혹은 저처럼 아무 생각 없이 즐거워할 수도 있을 거고요.

당사자나 주변 사람들의 반응을 대략 정리해보면 다음과 같습니다.

아이에게 무엇을 해 줄까.

여기에서 중요한 점은 주체가 아이라는 겁니다. 처음부터 끝까지 오롯이 아이만을 위한 고민임을 알 수 있지요. 이건 자연스럽고 본능적인 반응일 테지요. 그러나 본질적인 부분을 놓치고 있다는 생각이 드는 것도 사실입니다. 이렇게 말하면 누군가는 '육아'에서 아이를 먼저 생각하는 게 틀린 거냐고 낯선 비판을 할지도 모르겠습니다. 사전에서 육아라는 단어를 찾아보라는 충고를 할 수도 있겠지요.

네, 육아가 아이를 키우는 일이란 점에는 저도 공감합니다. 그러나 그것만으론 부족해요. 임신은 분명 축복받을 일이지만 그에 못지않게 많은 준비가 필요한 일이기 때문입니다. 육아는 생명을 키우는 일, 따라서 매우 어렵고 중요한 일이기에 어려운 과업을 맡을 당사자를 배려해야 해요. 육아에서 태어날 아이만 고려한다면 반쪽짜리 답안지에 그치고 맙니다.

여러분, 육아는 현실입니다.

흔히 연애는 사랑이고 결혼은 현실이라고 말하듯 부모에겐 앞으로 냉혹한 육아라는 현실이 기다리고 있습니다. 그래서 모든 것에 우선하여 "육아가 정말 그렇게 힘든 일인가?"에 관한 이야기부터 꺼내려고 합니다. 이 부분이 해결되지 않고선 단 한 발자국도 움직이기 싫은, 과거의 저와 같은 아빠 혹은 남편이 반드시 있을 것이기 때문입니다.

자, 이제 주관적이며 사실적인, 육아를 해보지 않은 사람들은 미처 생각해보지 못했을 육아 이야기 속으로 들어가 보시죠.

아빠육아로 달라지는 것들

악마가
되었습니다

육아휴직 이후 아이를 키우는 일은 온전히 저의 몫이 되었습니다. '어떻게 아이를 양육할까'라는 생각이 머릿속을 꽉 채웠습니다. 부모님의 영향이었을까요. 아이는 사랑으로 키워야 한다는 생각이 제 마음 깊숙한 데 자리 잡고 있었습니다. 아이를 세상에 태어나게 한 책임감이라고 해두죠.

그러나 단순히 마음만으로 아이를 키울 수는 없지요. 육아를 하다 보면 '어떻게 사랑하느냐'가 나의 '사랑하는 마음'보다 중요할 때가 있으니까요. 이제 아이를 도맡아야 한다고 생각하니 아무래도 지금 제 모습 그대로는 부족하겠단 생각이 들었습니다.

이것은 아이가 울 때 기저귀를 갈까, 분유를 더 먹일까 하는 수준의 고민이 아니었습니다. '어떤 육아관을 가지고 키워야 할까' 하는 고민이었죠. 저 혼자 애쓴다고 문제가 쉽게 해결되진 않더라고요. 그래서 서점이라는 데를 가 보기로 했습니다.

학창시절 참고서 몇 권 구할 때나 들렀던 곳을 오랜만에 가려니 어딘가 낯선 기분이 들었습니다. 하지만 아이에 대한 사랑과 비례해 양질의 육아를 하려면 익숙해져야 할 공간이니까, 어젯밤 내내 우는 아이를 안고 어르느라 잠을 설쳤지만 기저귀 가방을 챙겨 현관을 나섰습니다.

자가용으로 30분이면 갈 거리를 1시간도 더 걸려서 왔습니다. 카시트에 앉히기만 하면 경기를 일으킬 듯 우는 아이 때문에 대중교통을 이용해야 했거든요. 덕분에 아기가방을 멘 등과 아기띠가 맞닿은 부분이 땀으로 흠뻑 젖었습니다. 그마저도 아기띠에서 벗어나려고 버둥대는 아이를 어르고 달래기에 바빠 나중에야 알아차렸지요.

육아책 삼매경

서점의 자동문이 열리자 시원한 바람이 우리를 맞아 주었습니다. 근처 백화점은 너무 춥다 싶었는데, 서점은 냉방 온도를 세심하게 신경써준 느낌이라 기분이 좋았어요. 아이는 오느라 피곤했는지 실내에서 흘러나오는 클래식 선율에 곤히 잠이 들었습니다. 소중한 점심시간을 포기하고 왔으니 열심히 책을 보기로 마음먹었습니다. 유익한 육아서를 찾기 위해 그리고 방해받지 않고 책을 읽기 위해 서둘러 발걸음을 옮겼죠.

역시 서점에 오길 잘했구나 싶었어요. 그동안 어렴풋하게 느껴지던 육아를 책으로 배울 수 있다니! 설레는 마음으로 한 권, 두 권 읽어나갔습니다. 정신없이 읽다 보니 아이가 배고파 울며 낮잠에서 깰 무렵엔 두 손에 들린 책들이 제법 묵직했죠. 그래서 집으로 돌아오는 길은 두 배로 힘들었지만 마음만은 즐거웠습니다.

아빠 육아로 달라지는 것들

집에 와서 제대로 읽어 보고 '제목에 속았구나' 하는 책도 몇 권 있었지만 대부분은 다른 사람에게 추천하고 싶거나 소장욕구까지 생기는 책이었습니다. 책을 다 읽고 나서 추천 목록을 만들어 주변 지인들에게 나눠주기도 했는데 다들 읽어봤는지는 모르겠네요.

참, 제가 서점에서 주로 고른 책은 '애착육아'에 관한 것이었습니다. 저는 이유 없이 혼나는 상황을 무척이나 싫어합니다. 아이도 당연히 저와 닮았으리라 생각했기에 훈육보다는 사랑을, 지적하기보다는 관심을 주기로 마음먹었습니다. 물론 말처럼 쉽지는 않겠지만 일단 도전해보기로요. 아이의 어린 시절은 한 번뿐이니까요.

한번 생각이 굳으니 계속해서 같은 방향만 고집하게 되었습니다. 지나치게 한쪽으로 치우친 믿음은 실수를 연발하게 한다는 걸 모르지 않았는데도, 그때는 제가 맞다고만 생각했지요.

길을 가다 자녀를 혼내는 부모를 마주칠 때면 어떤 상황인지 제대로 알아보지도 않고, 속으로 '나는 저렇게 하지 않을 거야!'라고 생각하며 그간 읽은 책의 내용을 되새겼습니다. 그쯤 되니 제 육아관을 확신할 수 있었죠. 최소한 제 머릿속에서는 육아에 관해 저보다 잘 아는 이는 없었습니다.

육아전쟁은 끝이 없었습니다

그것이 얼마나 어리석은 생각인지 깨닫기까지는 그리 오래 걸리지 않았습니다. 본격적인 '육아전쟁'이 시작되자 저도 다른 부모와 다를 게 없다는 쓸쓸한 사실을 말이지요. 아이가 내 뜻대로 움직이지 않자 화가 머리

끝까지 치밀어 올랐습니다. 애써 '울컥'하는 감정을 겨우겨우 참아냈을 뿐입니다.

하지만 참고 억누르기만 하다 보면 언젠가 터지는 법. 언제부턴가 마구 떼를 쓰며 울어대는 아이에게 이성을 잃고 화를 내게 되었습니다. 저는 저대로 아이는 아이대로 악을 쓰며 울었죠. 처음 아이에게 분노를 표출하던 순간이 지금도 생생합니다.

저는 가슴속에 응어리진 무엇인가를 아이에게 쏟아냈습니다. 답답한 마음을 풀어 버리겠다는 생각에 그랬지만 이상하게도 속은 후련해지지 않았죠. '아이에게 화를 냈다'는 후회 속에 자책감만 남더군요. '책대로 하지 못한 실망감' 그리고 '아이가 잘못될 것이라는 불안감'과 함께 말이에요. 아이가 고운 얼굴 한가득 실핏줄이 터지게 울다 잠든 날이면, 미안한 나머지 죄를 고백하는 마음으로 읽은 책을 다시 보며 마음을 다잡기도 했습니다. 그러나 책은 책이요, 현실은 현실이더군요.

아이가 잠에서 깨면 '전쟁'은 다시 되풀이되었습니다. 이런 날들이 계속되다간 저도, 아이도 다 미쳐버릴 것 같아 두렵기까지 했습니다.

사실 지나고 보면 특별히 화낼 일은 아니었습니다. 하지만 이미 화를 냈다는 게 문제였어요. 내가 왜 화를 내는지 선뜻 이해가 가지 않다 보니 자신을 통제하지 못하는 제가 싫어졌습니다. 나란 인간이 겨우 이 정도였나 하는 자괴감마저 들었죠.

이런 나를 위로해주고, 다독여줄 누군가가 필요하다는 생각이 머릿속에 가득할 때 현관문이 열리는 소리가 들렸습니다. 아내가 돌아온 겁니다. 그저 아이를 달래주고 제게 괜찮다는 말 한마디만 해주면 좋겠다, 저를 그대로 지나쳐 아이만 안아줘도 서운해하지 말자는 다짐까지 했는데

아빠육아로 달라지는 것들

아내의 화난 목소리가 귓가에 울렸습니다.

"애가 잘못했으면 얼마나 잘못했다고 그렇게 화를 내!"

화를 낸 게 제 잘못일까요. 이해해주길 바란 것이 실수였던 걸까요. 저도 그러고 싶어서 그러는 게 아닌데, 아내는 누구보다 가장 속상한 이는 바로 '화를 낸 사람'이란 사실을 모르는 게 분명했습니다.

아내에게 속마음을 시원하게 말하고 싶지만, 회사에서 상사에게 치이고 실적으로 압박받다 돌아왔으니 얼마나 힘들까 싶어 마음을 고쳐먹었습니다. 말하지 않으면 제 마음을 알아줄 리 없다는 걸 알면서도 말이죠.

잠 한번
푹 자봤으면

본격적으로 육아를 시작한 지 얼마 되지 않았지만, 라테를 마시며 책을 읽으려 마음먹었던 저는 온데간데없이 사라져버렸습니다. 무거운 눈꺼풀을 들어올리기 위해 마시는 커피는 느는 반면 독서량은 현저히 줄어들더군요. 아무리 책을 읽어도 육아하느라 힘든 제 현실은 변하지 않았으니까요.

제가 고른 육아책이 별로였다는 뜻은 아니에요. 감명 깊게 읽은 책도 있고 육아의지를 북돋워준 책도 많았습니다. 다만, 육아를 하며 책을 읽고 거기서 얻은 교훈을 온전히 내 것으로 소화할 겨를이 없었다고나 할까요. 책에서 소개한 내용을 받아들이고 제 상황에 맞게 적용하기에는 시간도 부족하고, 힘든 현실 속에서 여유를 갖기 어려웠다고 할 수도 있겠네요.

밤낮 가리지 않고 저를 힘들게 하는 아이 때문에 온전히 정신 차리기조차 버거웠습니다. 수면부족으로 피로가 쌓이다 보니 책을 읽기보다는

아빠육아로 달라지는 것들

잠이나 한숨 더 자자는 생각뿐이었어요. 더 이상 책을 읽는 것은 제게 사치였습니다.

이런 상황이 닥치리란 걸 왜 미리 알지 못했을까요. 그건 육아를 단단히 오해한 저의 잘못 때문이었습니다. 저는 육아에 드는 시간을 아이가 깨어 있는 시간으로 한정해서 생각했습니다. 육아와 관련된 가사활동을 제외하고서라도 단순히 아이를 먹이고, 입히고, 놀아주기만 하면 되는 줄 알았거든요. 하루 육아를 끝내면 편안히 쉴 시간이 당연히 주어질 것이라는 터무니없는 믿음을 품었습니다. 잠만큼은 푹 잘 수 있으리라 착각했던 겁니다.

물론 제가 육아휴직을 내기 전에도 아이가 밤에 깨는 일은 다반사였습니다. 밤새 얼마나 많이 깼는지는 다음 날 아내의 퀭한 눈만 봐도 짐작할 수 있었죠. 그때만 해도 '나는 회사에 나가서 일하니까'라는 핑계로 밤새 울고 보채는 아이는 아내에게 맡기고 세상모르게 쿨쿨 잤습니다.

다음 날 출근하기 위한 휴식이 잘못되었다는 말이 아닙니다. 저와 같이 위험한 직업에 종사하는 사람은 반드시 충분한 수면을 취해야 하니까요. 다만, 아내를 모른 척한 과거 탓에 이제 와서 밤에 같이 애를 봐달라고 말할 면목이 없었을 뿐입니다.

상황은 180도 바뀌었습니다. 그동안 제가 편안히 눈 붙이고 잘 수 있게 해준 아내의 노력에 버금가는 수고를 해야 할 때가 온 거죠. 처음에는 아이가 울 때 바로 일어나지 못하면 어쩌나, 제시간에 일어나 분유를 준비할 수 있을까 하는 걱정에 불안했지요. 그러나 불행인지 다행인지 아이가 조금이라도 칭얼댈 때면 어지간히 잠을 사랑하던 저도 눈이 번쩍 뜨였습니다. 전적으로 아이를 돌봐야 한다는 책임감 때문이었죠. 일단 일어나는 것까지는 좋았습니다. 진짜는 그다음부터였죠.

아이가 낮잠 잘 때 쉬라구요?

아이는 매일 밤 두 시간마다 칼같이 울어 댔습니다. 분유를 먹이고, 축축해진 기저귀를 갈고, 다시 재우기까진 30분 이상 걸리는 편이었죠. 그것도 아이가 분유를 한 번에 바로 먹을 때의 얘기입니다. 맘 같아선 빨리 먹고 잠들면 좋겠는데, 자기도 피곤한지 먹다 말다 하며 저를 시험에 빠뜨리곤 했습니다.

이제 다 먹었다 싶어도 바로 눕힐 순 없었습니다. 행여 트림도 안 했는데 바로 눕혀 재우면 잘 자는 듯하다가도 이내 먹은 것을 게워 내고 울어 대곤 했습니다. 비몽사몽간에 분유를 타다 뜨거운 물에 덴 손이 아파도 아이를 토닥이는 일이 먼저였어요. 아이는 저만을 바라보았으니까요.

분유로 얼룩진 침대를 닦은 뒤, 다시 토할까 봐 쪼그려 앉아 아이를 안고 재우며 토끼잠을 잘 수밖에 없는 악순환이 반복되었습니다. 이런 밤을 며칠 겪었을 뿐인데도 아내가 그랬던 것처럼 아침만 되면 침대에서 벗어날 수가 없었어요. 그렇게 제게는 한 가지 소원이 생겼습니다.

"잠 한번 푹 자게 해주세요!"

아무리 커피를 마시고 또 마셔도 피곤이 가시지 않던 어느 주말, 한숨 잘 동안 아이를 봐달라고 아내에게 부탁했습니다. 30분만 눈 좀 붙이겠다고요. 그런데 돌아오는 대답이 그리 곱지 않았습니다.

아빠육아로 달라지는 것들

일하느라 피곤해서 못 본다고 변명이라도 했으면 그토록 서운하지는 않았을 겁니다. 조금 짜증 내더라도 아이를 봐주었으면 고마워했을 거예요. 다짜고짜 애 낮잠 잘 때 안 자고 뭐했느냐, 그 시간에 쓸데없이 놀지 말고 잠이나 자라고 핀잔을 주니 눈물이 핑 돌았습니다.

아, 아이가 낮잠 잘 때 쉬라니요.

얼마 전에 읽은 사회면 기사가 떠올랐습니다. 업무량 과다로 제대로 쉬지 못하는 보육교사를 위한 대책이 '아이들 낮잠시간에 쉬세요'라는 내용이었는데, 이에 분노하는 댓글이 굉장히 많았습니다. 어린이집에서 아이가 낮잠 자는 시간은 밀린 수첩도 써야 하고, 교구 정리나 오후 활동 준비에 바쁜 시간입니다. 간혹 한두 아이가 낮잠을 거부하면 이마저도 부족한데 그 시간에 쉬라니요. 정말 무책임한 대안입니다.

집에서는 아이를 한두 명만 돌봐도 되니 괜찮을 것 같나요? 여러 명을 돌봐야 하는 어린이집 선생님보다는 쉽겠지요. 사회에서 잊힐지 모른다는 불안감에 그다지 친하지 않던 사람들에게 의무적으로 연락할 틈이 있었던 것이 사실입니다.

하지만 그 정도를 가리켜 여유 있다고 말하지는 않습니다. 아주 잠깐의 조각난 시간일 뿐이죠. 밀린 집안일과 때마다 찾아오는 식사 준비를 마치기도 전에 아이는 일어납니다. 그런데 그 시간에 쉬라니요. 정말, 맘 편히 푹 쉬어봤으면 소원이 없겠습니다.

바보같이
파스만 붙이며
버텼네요

다른 건 몰라도 체력과 건강만큼은 자신 있었습니다. 사관학교에서 힘들 었던 4년은 물론 임관 후에도 매년 정기적으로 신체검사와 체력테스트 를 통과했고, 운동 삼아 배드민턴을 꾸준히 쳤으니 체력만큼은 평균 이 상일 거라 자신했어요. 그러나 육아를 시작한 뒤로는 잔병치레를 했습니 다. 감기는 늘 달고 살았고요.

쉬이 몸이 아프다 보니 구급약 통에 감기약 정도는 꼭 갖춰 두게 되었 습니다. 자주 아픈 사람들은 알 거예요. 찬장에 상비약이 잘 정돈되어 있 을 때의 뿌듯함을요. 없으면 불안하고 일이 손에 잡히지 않죠.

그런데 아쉽게도 감기약이 똑 떨어졌습니다. 배고파하는 아이에게 이 유식을 주려던 참인데, 머리도 아프고 연신 재채기가 나와 제대로 먹이 기가 쉽지 않았습니다.

사회생활을 할 때는 가벼운 감기가 유용한 순간도 있었습니다. 책상 에서 흐르는 콧물을 휴지로 막고 있으면, 병가를 얻어 병원에 가기도 하

아빠육아로 달라지는 것들

고 업무를 덜어주는 배려를 받곤 했죠. 한차례 잔병치레가 끝나면 미안하다는 말과 함께 커피를 사곤 했는데, 이제는 그럴 수가 없네요. 제가 아프면 육아를 대신 해줄 사람이 없으니까요.

저 하나 바라보는 아이를 두고 몸져누우면 누가 밥하고 분유 먹이고 씻기고 재우나요? 우리 아이가 불쌍해지는 걸 보느니 내 몸 하나 아프고 말겠습니다. 이렇게 가다간 몸이 망가질 거란 느낌은 들지만 그만둘 수 없습니다. 제 하소연을 들어줄 사람은 아직 말도 제대로 못 하는 아이뿐이니 제가 힘낼 수밖에요.

오늘따라 아내가 늦게 돌아왔습니다. 회식이었다는 말에 나는 아파서 밥 한 끼 제대로 먹지 못했는데 이제야 집에 왔냐며 따졌더니 이것도 업무의 연장이라며 오히려 무안만 주네요.

아내의 사정도 이해는 가지만 그래도 아픈 사람을 앞에 두고 그렇게 말하는 건 너무하지 않습니까? 약 사다 주는 게 전부는 아닌데……. 더 이야기하면 싸움만 될 게 뻔하니 차라리 잠이나 더 자야겠습니다.

무릎 보호대와 소화제

"무릎 보호대 하나 주세요."

의료용이라는 문구가 큼지막하게 붙은 보호대 한 쌍을 약국에서 구입했습니다. 때아닌 더위로 가만히 있어도 땀이 줄줄 흐르지만 덥다고 더 이상 미룰 수는 없었거든요. 아이를 안을 때면 저도 모르게 '악' 소리를 지를 만큼 두 무릎이 아팠기 때문입니다. 건강은 누구보다 자신 있었는데 어쩌다 이렇게 되었는지 모르겠네요.

무릎의 통증은 내조와 육아, 둘 다 완벽하게 해내고 싶은 제 욕심 때문에 생긴 것이었어요. 그렇습니다. 저는 어느 것 하나 못한다는 소리를 듣기 싫었어요. 노력 하나만큼은 누구에게도 지고 싶지 않았습니다. 그 때문에 저의 하루는 일과 육아의 연속이었습니다. 하루에 열 번은 더 유모차를 끌고 산책하고, 집에 돌아와 밀린 가사를 했습니다. 저녁이 되면 아이를 재우고 집안일을 마무리한 뒤에야 잠자리에 들었죠. 이런 쉼 없는 생활이 병을 만든 걸까요. 남몰래 속 썩어가며 병을 키운 이야기를 들려드릴게요.

특별한 것이라곤 하나 없는 아침입니다. 투정 부리는 아이를 업고 식사를 준비합니다. 배고프다고 보채는 아이에게 분유 주는 일도 잊지 않고요. 아내는 오늘따라 피곤한지 먹는 둥 마는 둥 밥을 남기고 출근하네요. 조금 속상하지만 어쩌겠어요. 더 맛있는 반찬을 준비해야겠다고 생각하며 식탁을 정리합니다.

이제 저와 아이, 둘뿐입니다. 외출 준비를 할 시간입니다. 미리 끓여둔 물을 조심스럽게 보온병에 담고 준비한 간식을 챙깁니다. 기저귀와 물티슈도 잘 들어 있으니 걱정 없습니다. 만약을 대비해 비타민 사탕 몇 개만 챙기면 됩니다.

등에는 기저귀 가방을, 앞에는 아이를 아기띠로 안고 현관을 나섭니다. 조금 무겁긴 하지만 아이보다 훨씬 더 무거운 배낭을 메고 훈련도 했던 저에게 그쯤이야 견딜 만했다고나 할까요.

곤충과 나무를 보며 하나씩 설명할 때마다 마치 제 말을 이해하는 듯

아빠육아로 달라지는 것들

한 아이의 미소에 힘든 것도 잊습니다. 이런 게 부모의 마음이겠죠. 아이에게만 온 관심을 쏟느라 정작 제 몸은 챙기지 못하니 말입니다.

아이의 밥시간은 늘 체크했지만, 제가 언제 밥을 먹었는지는 '허기진 배로' 가늠했습니다. 간단하게 끼니를 때우거나 아이가 남긴 간식으로 주린 배를 달래곤 했죠. 집으로 돌아와 침대에 누워 부르튼 발이 보이면 오늘도 많이 걸었구나 싶었을 뿐 다른 생각은 없었어요. 아니, 다른 생각을 하지 못했다고 말하는 게 더 정확할 겁니다. 한숨이라도 더 자기에 바빴으니까요. 제가 하는 모든 일에 부모를 위한 것은 없었습니다.

결국 '나를 돌보지 않는 육아'는 조금씩 몸을 망가트렸습니다.

끼니를 수시로 거르고 제때 밥을 먹지 못한 결과로 이어진 폭식은 전에 없던 군살을 몸 구석구석에 만들었습니다. 소화가 잘되지 않아 체기를 가라앉히기 위해 소화제를 달고 살았죠. 종일 아기띠를 하고 있다 보니 아이의 몸무게를 지탱하는 두 어깨에는 멍이 가실 날이 없었고, 허리는 굽어져 끊어질 듯 아팠습니다. 바보같이 파스만 붙이며 하루하루를 버텼습니다.

조금이라도 불편한 것이 생기면 울며 보채는 아이를 안아 올리다 보니 두 무릎이 성할 날이 없었죠. 육아를 시작한 지 6개월이 되던 어느 날 저는 두 무릎에 '보호대'를 착용해야 했습니다. 보호대를 하지 않고선 걸을 때마다 찾아오는 무릎이 시린 고통을 견딜 수 없었거든요. 아프다고 아이를 내버려 둘 수는 없으니, 어쩔 수 없는 선택의 결과물입니다.

시어머니는
잘해줘도 시어머니

이 이야기를 하지 않고 넘어갈 수는 없습니다. 뭐라고 불러야 적당할까요. 다소 낯설지만 '처월드'라고 해야 할까요. 사위 버전의 시월드라고 생각해도 좋겠네요.

결혼 생활은 두 사람만 사랑한다고 해서 잘해나갈 수 있는 것이 아니더군요. 집안과 집안의 만남에서 결코 좋은 소리만 날 수는 없죠. 특히 아이를 키우는 예민한 문제에는 마찰이 있기 마련입니다. 저 역시 이 문제에서 자유로울 순 없었습니다. 시월드의 어려움에는 견줄 수 없겠지만요.

시월드의 '존재'에 관해서는 어렴풋하게나마 인지하고 있었습니다. 인터넷에서 관련 글을 접한 경험이 있거든요. 어찌나 리얼하던지 사연을 읽다 저도 모르게 움찔해서 A4용지 한 페이지나 될까 하는 분량이었는데도 차마 다 읽지 못하고 인터넷 창을 닫았습니다. 그리고 한동안 잊고 살았어요. 그 일이 있기 전까지는 말이죠. 저의 처월드 입성기를 들려드리겠습니다.

봄날의 따스한 햇살이 지면에 남은 살얼음을 녹일 무렵, 장모님이 집에 오셨습니다. 예상치 못한 방문에 잠시 당황했지만 한 손에 들린 반찬통, 다른 손에 들린 식혜를 자연스럽게 건네받으며 안으로 모셨죠. 집이 더러워 흉을 잡힐까 잠시 걱정했지만 같은 부모 입장에서 이해해주실 거라고 생각했습니다. 아이도 잠들었고, 때마침 점심때라 가져오신 반찬을 접시에 덜고 숟가락을 하나 더 얹어 식사를 준비했습니다.

저는 그간 위 지방에서 살았기 때문인지 아직 남쪽 음식에서 풍기는 특유한 젓갈 향에 익숙하지 않았습니다. 애써 싸오신 반찬을 맛있게 먹는 모습을 보여드려야 하는데 코를 자극하는 강한 냄새에 그만 인상을 찡그리고 말았죠. 순간 눈이 마주쳐 민망했지만 곧 웃으며 "너무 맛있어요, 장모님. 감사합니다"라고 말하며 다행히 속마음을 들키지 않고 지나갔습니다.

그 무렵 아이는 낮잠을 규칙적으로 자서 정오 즈음 잠들면 두 시간은 자곤 했습니다. 누가 보면 여유롭다고 할 수도 있겠지만 그 사이에 밀린 집안일을 하다 보면 점심을 놓치기 일쑤였습니다. 그날도 역시 아이가 깨기까지 10분도 채 남지 않은 상황이었습니다. 아직 밥을 다 먹지도 못했는데…….

하지만 시간이 없다고 빨리 먹는 것은 더 위험합니다. 가뜩이나 불규칙한 식사로 속이 쓰린 것을 겨우 참고 있는데, 제대로 씹지 않고 삼키면 속병까지 날 수도 있거든요. 게다가 이것저것 물어보는 장모님의 질문에 대답하다 보니, 제대로 밥을 먹을 수 없었습니다.

장모님의 불호령

아이가 곧 잠에서 깼습니다. 부모니까 아무리 희미한 울음소리만 들려도 금방 알아챌 수 있죠. 부리나케 달려가 울고 있는 아이를 꼭 껴안아 주었습니다. 배가 고픈 모양이었습니다. 서럽게 우는 모습을 보니 얼른 분유를 타줘야겠다 싶어 끓여 놓은 물을 어디다 뒀나 생각하는데…… 더 이상 생각을 이어갈 수 없었습니다. 갑작스런 장모님의 고함이 날아왔거든요.

"그렇게 손 타게 하니 애가 엄마를 괴롭히지!"

아니, 직장도 잠시 쉬며 당신의 손주를 돌보는 사위에게 그러시다니요. 그리고 손 타게 한다니, 그건 제가 하고 싶은 말입니다!

첫 손주라며 금이야 옥이야 울면 안아주고 보채면 달래주시던 분이 제게 그리 말씀하시다니, 정말 알다가도 모를 일입니다. 어느 장단에 맞추어야 할지 짐작이 가지 않았습니다.

물론, 백번 양보해 저도 딸을 키우는 입장이라 전혀 이해 못 할 바는 아닙니다. 금지옥엽 키운 딸이 결혼해서 고생한다며 이것저것 챙겨 오셨는데, 눈앞에서 당신이 기대하는 방향과 다르게 행동하는 사위가 미워 보이셨을 수도 있겠죠. 또 순간적으로 언성을 높인 터라 당황하셨겠지요.

하지만 흥분으로 붉어진 얼굴은 숨길 수 없었습니다. 아내의 복직을 위해 아이를 돌보는 저에게 그러시니 서운했어요. 저도 우리 집에서는 귀한 자식으로 자랐는데…… '아무리 잘해주셔도 시어머니는 시어머니'

라는 누군가의 말이 귓가에 맴도는 날이었습니다.

사실 제가 육아휴직을 하겠다고 말씀드릴 때도 장모님은 부정적이셨어요. 처음 육아휴직 이야기가 나온 날부터 그런 분위기였는데 제가 둔한 탓에 크게 느끼지 못했습니다.

회사에 휴직서를 제출한 직후였습니다. 제 본가는 강원도 춘천이에요. 고등학교 때 온 가족이 이사한 뒤 지금까지 살고 있습니다. 제가 현재 살고 있는 부산과는 차로 5시간이 넘게 걸리죠. 직접 부모님을 뵙고 휴직한다고 말씀드리는 것이 도리인 줄 알지만, 아이도 어리고 거리가 멀다는 걸 핑계 삼아 전화로 말씀드리기로 했습니다. 전화기 앞에서 몇 번을 망설였는지. 많이 걱정했습니다. 반대하시면 어쩌나 하고요. 그러나 부모님은 생각보다 흔쾌히 허락해주셨습니다.

후유, 이제 큰 고비는 넘긴 듯해서 저도 모르게 안도의 한숨이 나왔습니다. 장인어른, 장모님이야 딸을 위해 휴직하겠다는 사위를 다그치시리라곤 생각하지 않았으니까요. 응원해주신다면 모르겠지만.

'처월드'라는 반전드라마

처가는 집에서 대중교통으로 1시간, 자가용으로 30분 거리에 있습니다. 차가 막히지 않는 평일이면 20분 안에 도착할 수 있을 만큼 가깝죠. 매도 먼저 맞는 게 낫다는 심정으로 본가 부모님께 전화드렸다가 너무 쉽게 허락을 받아 그런지, 그날 안에 장인어른, 장모님께도 말씀드리고 싶었습니다. 들뜬 마음으로 기저귀 가방을 챙겨 처가로 향했습니다.

음악 차트의 1위부터 10위까지 노래가 끝나갈 때쯤 처가가 눈에 들어왔지요. 집 앞에 언제부터 나와 계셨는지, 귀여운 손녀를 보려고 기다리는 두 분의 모습이 보였습니다. 두 분께 딸아이를 안겨 드린 뒤 짐을 챙겨 뒤따라 올라갔습니다.

거실에는 이미 저녁상이 차려져 있었어요. 배고팠던 터라 누가 먼저랄 것도 없이 저희 내외는 상에 둘러앉아 숟가락을 들었습니다. 화기애애한 분위기 속에 식사를 마친 뒤 장모님께서 내오신 다과상을 마주하고 휴직 이야기를 꺼냈습니다.

"제가 육아휴직을 내고 아이를 보기로 했습니다."

말을 꺼낼 때, 살짝 기대했습니다. "이런 사위가 없어", "혹은 우리 딸을 이토록 아껴주다니 정말 고맙네" 정도의 칭찬을. 그러나 제가 말을 이어갈 틈도 없이 장모님이 굳은 표정으로 절 바라보시는 게 아니겠어요? 제가 지금까지 봐온 어떤 표정보다 심각했습니다.

잠시 잘못 본 게 아닌가 싶기도 했지만, 단호하게 반대의사를 표명하신 까닭에 더 이상의 오해는 없었습니다. 단순하게 아내를 위한 결정이라면 무엇이든 환영받을 거라는 제 기대는 깨끗이 어긋났죠. 장모님이 아이는 엄마가 키워야 한다, 남자는 바깥일을 해야 한다 같은 이야기를 하시는 동안 식어서 싸늘해진 차를 목으로 넘겼습니다.

생각지도 못한 복병에 꽤나 혼란스러웠습니다. 이때 빨리 깨달았어야 했어요. 육아의 시작과 함께 '사위 버전의 시월드'가 시작되리란 걸 말이죠.

이후 얼마간 냉전이 있었지만 결국 휴직을 허락받았습니다. 아차, 이미 저지른 뒤 말씀드렸던 터라 허락이라는 표현은 조금 어색한 감이 있네요.

휴직하고 나서 생긴 가장 큰 변화는 장모님의 잦은 방문이었습니다. 혹시 싫었느냐고 물으신다면, 아니에요. 불편하지 않았다면 거짓말이겠지만. 오실 때마다 냉장고에 채워지는 반찬이며, 일주일에 한두 번은 단 몇 시간이라도 '아이에게서 해방'될 수 있었기 때문에 은근히 기다려지곤 했습니다. 그러나 몸이 편한 만큼 지불해야 하는 대가가 있다는 사실을 깨닫는 데는 오랜 시간이 걸리지 않았죠.

육아에 한해 저와 장모님은 다른 세계에서 온 사람이었습니다. 가치관 자체가 전혀 달랐어요. 앞서 이야기했듯이 저는 '사랑으로 받아주어야 한다'는 육아관을 가지고 있었습니다. 그러나 장모님은 대체로 '엄격하게 대해야 한다'는 육아관을 갖고 계셨죠. 처형과 아내, 처남을 그렇게 키우셨고 이제는 손녀 차례였습니다.

장모님이 와 계실 때면 몸은 편했지만 마음은 늘 불안했습니다. 잠깐이라도 자리를 비우면 무섭게 손녀를 혼내는 장모님의 목소리가 들려왔죠. 아이가 뭘 알면 얼마나 알까 하는 마음에 편들라치면 "그렇게 감싸줬다간 버릇 나빠져"라는 훈계를 들어야 했습니다.

당신만은 내 편이길 바랐어

모든 부모가 그렇듯 저 역시 나름의 육아관이 있었습니다. 자신이 생각하는 대로 육아를 실천하는 과정은 '부모로서의 꿈' 같은 게 아닐까요? 그 때문에 육아관이 다른 저와 장모님은 좀처럼 서로 양보하지 않았고,

이견이 생길 때마다 '부드러운 말로 포장한 공격'을 이어갔죠.

제 주된 무기는 '책'이었습니다. 제가 "이 책에서 이렇게 키우라고 했습니다. 아직 아이는 자기 행동이 잘못됐는지 이해하지 못할 거예요"라고 말씀드리면 장모님은 늘 "책이 전부 맞나? 이렇게 해도 잘 키울 수 있어. 내 방법대로 딸 둘, 아들 하나 잘 키웠으니까. 자네 방법대로 하면 애버릇만 나빠져"라는 레퍼토리로 반박하곤 하셨습니다.

물론 제가 하자는 대로 동의하실 때도 있었습니다. 짧게 "그래"라고 대답하시곤 "귀여운 내 강아지"라며 손녀를 예뻐해주셨죠. 그러나 그때뿐, 뒤돌아서면 결국 당신이 하고 싶은 대로 손녀를 대하셨습니다. 그럴 때마다 '어떤 것이 진심일까?' 하는 의문에 답답했지만 마음속에 담아둔 이야기를 털어놓을 곳은 없었습니다.

이 문제를 멀리 계신 부모님께 말씀드릴 수도 없었습니다. 알면 걱정하실 게 뻔하니까요. 선뜻 휴직을 응원해주셨는데, 힘들어하는 모습을 보이고 싶지는 않았습니다. 그저 가슴속에 꾹꾹 담아놓을 수밖에요.

고민 끝에 아내에게 털어놓으려고 대화를 시도했습니다. 적어도 육아에서 '공통된 가치관'을 가진 부부니까 이해해줄 거라고 믿었죠.

"여보가 장모님께 이야기 좀 해줘. 나 너무 힘들다."

갈등을 해결해주는 것까지는 바라지도 않았습니다. 말없이 들어만 줘도 좋겠다고 생각했어요. 그저 제 앞에서만이라도 저를 위로해주고 제 편이길 바라고 한 말이었는데, 결국 그날의 대화도 '부부싸움'으로 마무리되었습니다. 아내는 말했습니다.

아빠육아로 달라지는 것들

"우리를 위해 이렇게 희생해주는 분이 어디 있어? 배부른 소리 하지 말고 엄마 말대로 해. 엄마랑 아빠 두 분 없었으면 지금보다 몇 배는 더 힘들었을 거야."

장모님께서 제 말을 듣지 않으셔도 어쩔 수 없다는 걸 모르진 않았습니다. 도와주시는 것들에 감사하지 않다는 것도 아니었죠. 그냥 말없이 제 말을 들어주고 안아줄 수는 없었던 걸까요? 안아주기는커녕 오히려 다그치기만 하니, 더 이상 할 말이 없었습니다. 역시 육아는 외로운 싸움, 혼자 오롯이 감당해야 할 숙제인가 봅니다.

싸우려고 결혼한 걸까,
결혼해서 싸우는 걸까

아이와 종일 집 안에 있다 보면 모든 것이 통제된 '감옥'에서 사는 듯한 느낌이 들 때가 있습니다. 기분전환을 위해 밖에 나가봐야 이미 수백 번은 다녀서 눈 감고도 다닐 수 있을 것 같은 '놀이터'처럼 '익숙한 풍경'뿐이라 위안거리가 되지 않습니다. 아이조차 그 좋아하던 자전거도 지겨운지 쳐다도 안 보고, 지난주에 사준 축구공은 어디로 갔는지 찾을 수가 없네요. 무엇으로 놀아줘야 할지 몰라 동네를 한 바퀴 휙 돌고는 집으로 돌아옵니다.

아이는 점심을 먹는 둥 마는 둥 하다 사르르 낮잠이 들었습니다. 이제 밀린 집안일을 할 시간입니다. 아이가 깨지 않도록 조심스럽게 설거지를 하고 빨래를 갭니다. 오늘은 어쩐 일인지 집안일을 다 마쳤는데도 아이가 깨지 않네요. 졸음도 몰아낼 겸 당도 보충할 겸 믹스커피를 한잔 준비했습니다. 이렇게 잠시라도 혼자만의 시간이 생길 때면 외부와 단절된 데서 오는 상실감이 불쑥 고개를 듭니다. 누군가에게 인정받

아빠육아로 달라지는 것들

고 싶고, 자신의 일을 하고 싶은 마음. 그 강렬한 욕구는 육아를 한다고 해서 사라지는 것이 아니더군요. 오히려 점점 더 커지며 불안감으로 모습을 바꿨지요.

그렇다고 해서 지금 딱히 할 수 있는 건 없습니다. 세상과의 끈을 놓지 않기 위해 아이가 잠든 동안 핸드폰을 붙잡고 세상 돌아가는 모양새를 살펴볼 뿐입니다. 오늘은 이런 일이 있었구나, 이 친구가 청첩장을 보냈는데 그만 깜빡했네, 어서 미안하다는 말을 전해야겠다, 결국 남자 주인공이 고백하면서 드라마가 끝났구나. 이런 것들은 사소하지만 나름대로 세상과의 접점을 놓지 않기 위한 노력입니다. 그런데 아내는 또 제 모습이 마음에 들지 않나 봅니다. 기어이 한마디 던지는 걸 보면요.

"핸드폰 볼 시간에 설거지라도 하고, 육아책 좀 보면 안 돼?"

아내는 신경질적인 말을 내뱉고 방으로 들어갔습니다. 방문이 닫힌 지 한참이 되었지만, 아내가 한 말이 머릿속에서 떠나질 않네요. 결국, 참지 못하고 오늘도 한바탕 했습니다. 이런 일이 반복되다 보니 요즘 같아선 싸우려고 결혼했는지, 결혼해서 싸우는 건지 헷갈리네요.

부부싸움을 하면 하소연하는 쪽은 대부분 저입니다. 아내는 싸울 때 몇 마디 하지 않아요. 그런데 신기하게도 겨우 그 몇 마디가 가슴에 사무칩니다. '이렇게 말해주면 좋을 텐데' 하는 제 바람과는 정반대의 단어만을 골라 담아 저를 몰아세우죠. 싸우고 난 뒤라 이성이 마비된 상태이긴 하지만 이건 아닌 것 같습니다. 왠지 모를 실망감이 드네요.

나는 없고 육아만 있는 하루가 또 지나갑니다

아내의 말이 틀렸다는 건 아닙니다. 핸드폰을 들고 생산적인 일을 하고 있진 않다는 사실은 누구보다 저 자신이 잘 알거든요. 모바일로 제시간을 놓친 뉴스를 보거나 친구의 인스타그램을 방문하는 시간을 무익하다고 생각할 수 있습니다. 그래도 서운하고 속상합니다. 제 귀엔 이렇게밖에 안 들리니까요.

"집에서 놀지 말고 일이나 좀 해!"

제가 너무 앞서 생각하는 걸까요. "너무 힘든 나머지 무슨 말을 해도 나쁘게 듣는구나"라고 말한대도 상관없습니다. 지금 내가 필요한 걸 주지 않는 사람은 남이나 다름없어요. 지금 나에겐 이해해주는 척, 위해주는 척하는 조언이 필요 없다는 걸 상대방은 언제쯤 알아챌까요? 그냥 내버려둘 수는 없을까요? 혼자서 잘할 수 있게 인내심을 갖고 기다려준다면 분명히 더 잘할 겁니다.

오늘도 뼛속까지 파고드는 외로움에 잠이 오지 않습니다. 육아와 가사에서 지친 제게 아내의 차가운 말은 커다란 상처를 주었습니다. 육아에 내 삶을 송두리째 빼앗긴 것도 서러운데 나를 위해 쓰는 그 잠깐의 시간이 그렇게도 아까운지. 곱씹을수록 속에서 울컥하는 게 올라오지만 싸울 힘도 없습니다.

나는 없고 육아만 있는, 나를 돌볼 시간조차 없는 하루가 또다시 끝나갑니다. 여기에 나를 이해해주는 사람은 없네요, 아무도.

기념일을 잊었다는 건,
나를 잊은 거야

아내는 주변 사람들을 유독 잘 챙깁니다. 업무적으로 혹은 개인적으로 친분이 있는 사람의 생일은 물론이고 결혼기념일, 심지어 그 자녀의 생일까지 챙기는 모습을 보고 놀란 적도 있습니다. 이런 사람이니 처음에는 기념일이 다가오자 내심 기대했던 게 사실입니다. '얼마 있으면 기념일인데, 아내가 어떤 이벤트를 준비할까' 하며 즐거운 상상에 빠졌던 때도 있었지요.

그런데 이상하게도 아내는 저를 비롯한 가족과 관련된 기념일은 제때 기억하지 못했습니다. 장인어른의 생신까지 깜빡해서 매번 제가 챙길 정도이니, 우리 부모님 생신을 잊었다고 해도 크게 놀랍지는 않았습니다. 새해가 될 때마다 달력에 가족의 기념일을 적어두는 일도 늘 제 몫이었어요.

그런 일은 용납할 수 없다는 사람도 있겠지만, 저는 아내의 그런 면을 이미 결혼 전부터 알고 있었으니 별로 거슬리지 않았습니다. 연애할 때도 그랬고, 결혼한 이후로도 변하지 않는 사실이었으니까요. 알고 결혼했으니 받아들여야 한다고 생각했습니다. 주변 사람들을 챙기느라 가족까지 신경 쓸 여유가 없다고 여기는 게 마음이 편하겠다 싶었지요.

그러나 이번 생일만큼은 속 편하게 생각하고 넘어가기 싫었습니다. 지금까지 잘 참아왔는데 왜 이제 와서 딴 소리냐고 해도 상관없습니다. 제 감정이 이렇게 롤러코스터를 타듯 급격히 오르내리는 것은 아마도 육아를 하고 있기 때문이 아닐까요? 올해만큼은 잊지 않길 간절히 바랐습니다. 커리어와 경력을 포기하고 육아를 도맡은 제 처지를 보상받고 싶었는지도 모르겠습니다. 그러나 이번 생일에도 큰 이변 없이 그동안과 마찬가지로 혼자 쓸쓸히 보낼 것 같다는 생각이 들었고, 그 우울한 예감은 현실이 되었습니다. 제가 얼마나 속상했는지 한번 이야기해볼게요.

바야흐로 연말입니다. 아직 12월 초입이었지만, 경쾌한 크리스마스 캐럴이 마치 올 한 해도 고생했다고 다독여주는 듯했지요. 연말이면 회사마다 격려 차원에서 회식을 마련합니다. 아내도 회사에서 연말을 준비하는 눈치였습니다.

아내의 회사는 규모가 작은 기업입니다. 직원들이 길게는 10년도 넘게 같이 일하다가 힘을 합쳐 창업한 케이스죠. 서로 끈끈한 사이라서 한 해를 마무리할 무렵이면 손글씨로 애정이 듬뿍 담긴 연하장과 선물을 준비하곤 합니다.

서울 강남에 터를 잡아 시작했는데, 시간이 지나다 보니 거주지가 전국으로 흩어져 쉽게 모이지 못하는 모양이었습니다. 한 달에 한 번 하는 회의도 두세 달 전부터 날을 잡아야 하는 걸 보면요. 사정이 이러다 보니 송년회를 계획하는 것도 쉽지 않아 보였어요. 각자 일정이 바쁘니까요.

아침부터 밖으로 나가자는 아이와 힘겨루기를 하는 제 눈앞에 아내가 커다랗게 동그라미가 표시된 달력을 들이밀었습니다. 동그라미가 쳐진 날짜는 12월 29일. 아내가 제 생일을 기억해준 것이 몇 년 만인지 모르겠습니다. 강의다 회의다 늘 바빠서 생일이 한참 지난 후에야 축하한다는 말을 듣곤 했는데, 올해는 다를 수도 있겠구나 했죠. 깜짝파티를 열어주지는 않겠지만, 생일을 챙겨주기만 해도 나쁘지 않다고 생각하던 찰나, 아내가 입을 열었습니다.

"이날 송년회라 서울에 다녀올게. 다음 날 오니까 이날 다른 일정 잡지 마."

왜 하필 그날이었을까요

제게 그날 다른 일정이 있을 리 없었습니다. 생일이니까요. 아내가 챙겨주지 않으면 저라도 케이크를 사고 미역국을 끓이려고 했습니다. 어차피 아이를 돌보면서 생일파티를 준비해야 하니 거창하게 할 수도 없었지요. 그저 가족이 함께 단란한 하루를 보내기만을 기대했어요. 그게 욕심이라고 생각하지는 않습니다. 어린아이처럼 투정을 부리는 것도 아니고요. 그런데 송년회라니요.

서로가 일정을 조율한 결과라고는 해도 왜 하필 그날이었을까요. 제게 한마디 상의도 없이 일방적으로 결정한 게 마음에 들지 않았습니다. 늘 참아왔지만 이번에도 그냥 넘어가면 도저히 안 될 것 같아 "다른 날

짜로 하면 안 돼?"라고 물어보니 아내가 대답했습니다.

"왜, 그날 무슨 날이야? 뭔가 있는 것 같긴 한데, 기억이 안 나서 내가
그날로 정했어."

멀리 부산에서 서울로 올라오는 아내를 배려해서 가장 먼저 결정권을
주었다고 합니다. 그 배려가 오늘의 비극을 만들다니. 더 이상 물어볼 기
운도 없어 말없이 아이를 안고 밖으로 나갔습니다.

시간이 흘러 제 생일이자 아내의 송년회 날이 되었습니다. 아내는 새
벽 일찍 일어나 한껏 치장을 마치고 종종걸음으로 집을 나섰습니다. 첫
비행기라고 했습니다. 집을 나서는 순간까지 오늘이 무슨 날인지 말하지
않았으니 아내는 끝까지 모르겠지요. 해를 넘기더라도 챙겨준다면 그걸
로 감지덕지해야 할런지……. 원망한다고 해서 뭐가 바뀌지 않는다는 것
쯤은 이미 알고 있었습니다. 그러나 속상한 마음이 조금이라도 덜어진다
면, 그날만큼은 이렇게 말했을 겁니다.

"사회에서 격리되고, 친구들과 멀어지고, 아이와 단 둘이 남아서 일하
고 돌아오는 너를 기다리고 또 기대하지만, 나에게 돌아오는 거라곤
상처뿐인 현실은 불공평해."

올해 겨울은 유난히 추웠어요. 그래서인지 마음까지 더 추워지는 생
일이었습니다.

아빠육아로 달라지는 것들

너무나 외로워서
눈물이 났습니다

육아를 해본 사람들이 "독박육아"라고 하면 왜 진저리를 치는지 이제야 이해가 됩니다. 심지어 독박육아란 말을 듣기만 해도 울적해집니다. 독박육아는 말하자면 육아와 연관된 모든 의무와 책임은 나에게 있고, 즐거움은 너에게만 있다는 뜻입니다. 사실 저는 이런 감정을 느끼지 않을 줄 알았습니다. 이런 건 피해의식 가득한 사람들이 만들어낸 말이라고 생각했죠. 제가 당사자가 되기 전까지는요.

추운 겨울이 지나 봄을 맞이한 기쁨도 잠시, 봄의 불청객이 찾아왔습니다. 올해는 각종 언론매체에서 초대한 적 없는 손님 '미세먼지'의 심각성을 두고 유달리 떠들어댄 터라 아이와 저는 종일 집안에만 갇혀 있었습니다. 아무리 미세먼지가 위험하다고 설명해도 알아듣지 못해 밖으로 나가자고 보채는 아이를 어르고 달래던 어느 날, 평소 친하게 지내던 선배에게서 전화가 왔습니다.

다행히 아이는 이제 막 잠든 뒤였고, 매일 짜증 섞인 아이의 울음소리만 듣다가 오랜만에 사람 목소리를 들으니 어찌나 반가운지! "잘 지내냐? 휴직은 할 만해?"라는 안부 인사부터 그동안 듣지 못했던 사람 사는 이야기를 접하자 숨통이 트이는 느낌이었습니다. 육아의 시름은 잠시 잊고 한참 웃고 떠들다 보니 곧 아이가 잠에서 깰 시간이 됐죠. 전화를 끊고 아이가 먹을 간식을 준비해야 한다고 하자, 선배는 "잠깐만"이라고 하더니 진짜 하고 싶은 이야기를 꺼냈습니다.

"아기 키우느라 매일 집에만 있으니 심심하지? 허송세월 보내면 아까우니 뭐라도 좀 해. 영어를 배우든 자격증을 따든 열심히 살아야 우울증도 안 걸려."

선배의 걱정스러운 목소리가 정말 순수한 걱정에서 비롯된 것인지 조언을 전하려는 것인지는 알 수 없었습니다. 제가 깨달은 건 나 자신이 힘든 건 다른 사람에겐 중요하지도, 고려의 대상이 되지도 않는다는 사실이었지요. 통화를 막 끝내려던 참이기도 했고 더 이상 말을 이어 나갈 용기도 없어 떨리는 목소리로 짧게 "알았어요"라고 대답하며 황급히 전화를 끊었습니다. 저를 잊지 않고 전화해준 것은 고마웠습니다. 그런데 왜 '들어서는 안 되는 말'을 들은 기분이 돼버렸을까요. 조금이라도 저를 이해한다는 사람도 육아가 쉽다고 여기는데, 다른 사람은 어떨까 싶어서 머릿속이 복잡해졌습니다.

"역시 직접 해보지 않으면 모르는구나. 복직하면 '집에서 놀다 온 사람'으로 낙인찍히겠군."

아이 하나 돌보기도 벅찬데 밀려드는 걱정에 정신 차리기가 힘들었습니다. 그날 저는 '독박육아'를 새롭게 정의했습니다. 독박육아란 아이를 키우는 것과 관련된 모든 일을 혼자 해야 함은 물론이고 육아가 끝나도 사회로 '돌아갈 자리'까지 없어지는 그런 무서운 말, 혹은 돌아간다 해도 육아로 비롯된 '경력단절'이나 '업무공백으로 생기는 책임' 그리고 '집에서 쉬고 왔다는 꼬리표' 모두를 껴안아야 하는 무서운 말이었습니다.

아내가 원망스러웠습니다. 육아가 이렇게 말도 안 되게 힘든 일이라는 걸 "왜 제대로 알려주지 않았느냐"고 따지고 싶었어요.

사람들과 연락하는 게 두려워졌습니다

'꽃으로도 때리지 마라', '선의가 때론 악의가 될 수도 있으니 조심하라'는 말은 이럴 때 쓰는 거겠죠. 몸도 마음도 지쳐 있는데 자꾸 상처를 받다 보니, 자연스럽게 사람을 멀리하게 되었습니다. 연락이 오는 것조차 두려웠어요. 부러움 가득한 투정을 듣는 일도, 자기 짐작만으로 저를 시간이 남아도는 사람으로 여기는 데도 이제 지칩니다.

그래도 그 정도는 양반입니다. 최소한 '걱정'하면서 이야기해주니까요. 제가 힘들어하는 부류의 사람은 따로 있습니다. 바로 소식을 몰고 다니는 사람이죠. 이런 사람들은 이곳저곳에서 이야기를 물어와 '누가 그러던데, 이런 이야기가 들리던데' 하며 전달하지만, 결국엔 자신의 생각이 사실인 양 이야기해 듣는 이를 당황하게 만듭니다.

제가 가장 경계하는 이런 부류는 수시로 안부를 묻곤 합니다. 방심해서 무심코 연락을 받았다가는 온종일 몸에서 힘이 쏙 빠지고 괴로운 기분에 허우적대야 합니다. 온통 무기력해져서 더 이상 아무것도 할 수 없는 상태가 되죠. 이쯤 되면 상대방이 저를 위해서가 아니라, 자신의 만족을 위해 전화해서는 다른 사람의 의견으로 포장한 자기 본심으로 저를 괴롭히려는 건 아닌가 하는 의심이 듭니다. 물론 이런 전화에 제가 늘 아무런 대응도 하지 않았던 것은 아닙니다.

　처음엔 열의를 가지고 설명도 해보았습니다. 육아가 너무너무 힘들어서 직장으로 돌아가고 싶다고. 그러나 듣기 좋은 말은 돌아오지 않았습니다. "회사가 더 힘드니 맘 편한 소리 하지 말고 집에서 푹 쉬어라", "이런 이야기는 나한테만 하고 다른 사람에게는 말도 꺼내지 마라" 하고 겁을 주기도 했죠.

　그리고 전화를 끊은 뒤 상대방이 있는 이야기, 없는 이야기를 들먹이며 제 험담을 했다는 사실을 알기까지는 그리 오래 걸리지 않았습니다. 좋지 않은 이야기는 그 무엇보다 빠르게 제 귀에 들어왔으니까요. 자꾸 안 좋은 일이 계속되니 다음부터 연락이 오면 받지 않아야겠다는 생각이 들었습니다. 적당한 핑곗거리는 만들어두어야겠죠.

　한편, 저 자신도 주위 사람과 연락하는 게 벅차다고 느끼기도 했습니다. 안부를 묻는 것도 한두 번이지 막상 통화를 하면 대화 소재가 금세 고갈되기도 했고요. 친한 친구와 이야기할 때면 밤새 대화해도 이 이야깃거리를 다 풀어놓을 수 있을지 가늠하기 어려운 것과는 반대로, 다음에는 또 무슨 이야기를 해야 하나 걱정하면서 대화하는 것은 숙제처럼 부담스러웠습니다.

어쩌면 당연한 결과겠지요. 얼굴을 마주치지 않으니 공감대를 형성할 소재가 부족하고, 자연스럽게 옛날이야기만 주고받다 보면 결국 할 말이 없어져 어색한 침묵이 자리하게 되더군요.

제가 이야기할 거라고는 육아뿐인데 말을 꺼내기만 하면 힘들다고 하소연하지 말라고 하고, 딱히 다른 소재를 만들기도 쉽지 않으니 자연스럽게 연락이 뜸해졌습니다. 회사 동료들과 전화로 이런저런 이야기를 나누는 것이 제게는 작게나마 위안을 얻는 탈출구였는데 그마저도 어렵게 되었네요.

외롭습니다. 외로워서 누군가에게 하소연이라도 하면 좋으련만 그럴 곳이 없네요. 펑펑 울고 나면 잠깐이나마 속이 시원해질 텐데, 낮잠 자는 아이가 깰까 봐 소리 죽여 눈물만 흘리고 말았습니다.

아빠 마음은
흐림

육아와 가사에서 오는 스트레스는 제게 원치 않는 선물을 주었습니다. 바로 우울증을요.

육아를 시작할 즈음 가졌던 자신감은 없어진 지 오래였습니다. 순간순간 치밀어 오르는 감정을 주체하지 못하고, 잠든 아이를 보며 내일은 또 어떻게 버티나 하고 한숨만 나오는 상태가 계속 이어졌지요. 지금 제게 육아를 한마디로 정의하라면 이렇게 말하고 싶습니다. '육아는 말도 안 되게 힘든 일'이라고요.

아침을 준비하고, 아이 밥을 먹이고, 옷을 입히고, 설거지를 하고, 빨래를 하고, 청소기를 돌리고, 이유식을 준비하고, 병원을 가고, 시장을 보고, 저녁 준비를 하고, 아이와 놀아주고, 내일 아침을 준비하고……. 이 페이지 전체를 전부 쓴대도 다 열거하지 못할 만큼 할 일이 많습니다. 일만으로도 벅찬데, 말이 통하지 않는 아이와 상대하다 보면 정신마저 피폐해지죠. 정말 힘들었습니다. 아이를 보는 힘듦에 비례해서 우울한 감정이 수시로 찾아왔어요.

처음부터 우울한 감정이 제 마음속에 자리 잡은 것은 아닙니다. 여우비같이 갑자기 쏟아졌다가 얼마 지나지 않아 맑아지는 느낌이었어요. 그런데 점점 구름 낀 날이 늘어나더니 좀처럼 햇살을 보기가 어려워졌습니다. 시간이 지나도 제 마음에는 '흐림'이 계속되었죠.

아이를 향해 웃어주지 못했습니다. 심지어 아이가 울어도 달래줄 생각이 들지 않았어요. 손가락 하나 까딱할 힘이 없었다고 하는 편이 더 정확할 겁니다. 육아를 하면서 흥미로운 일은 더 이상 없었고, 매일매일 반복되는 일상이 점점 두려워지기만 했으니까요.

식사 시간도 부족하고 식욕도 없어진 탓에 육아 초기에 불어났던 체중은 급격하게 줄어들었습니다. 아이는 밤낮 가리지 않고 저만 찾았고, 감당하기 벅찬 육아를 계속하다 보니 피로가 쌓여 만성피로로 접어든 듯했죠.

매사에 의욕이 없는 제가 한심해서 '내가 이러려고 육아휴직을 했나!' 하고 마음을 다잡으며 힘을 내보려고 했지만 효과는 없었습니다. 더 우울해질 뿐이었죠.

이런 제 감정 상태를 먼저 눈치 챈 사람은 아내였습니다. 지금에 와서 생각해보니, 무던한 성격의 아내가 저조차 제대로 파악하지 못한 제 '감정 변화'를 어떻게 알아챘는지 여전히 의문입니다. 그랬으니 아내가 처음으로 준비한 선물도 전혀 예상하지 못했죠. 무작정 참기만 하다가 언젠가 한번 용기 내서 아내에게 제 감정을 이야기했던 게 도움이 되었는지도 모르겠습니다.

저녁 식탁 위로 흐른 눈물

그날도 여느 날과 다름없이 아침을 준비했습니다. 요즘 따라 아내가 아침밥을 잘 먹지 않아서 간단하게 토스트를 만들었지요. 아내가 출근한 뒤 저녁엔 뭘 할까 싶어 냉장고 문을 열어 보니 식재료라곤 양파 하나, 두부 반 모가 전부였습니다. 매번 얻어온 반찬만 내놓은지라 미안하기도 하고, 며칠 전부터 어묵탕이 먹고 싶다던 말이 생각나 아이를 들쳐 메고 장을 보러 갔습니다.

예전 같으면 엄두도 못 내겠지만 그나마 요령이 생겨 아이에게 잠기운이 온다 싶을 때쯤 외출을 합니다. 제 예상대로 아이는 금방 잠들었고 큰 무리 없이 식재료를 장바구니 한가득 담아 돌아왔지요. 다만 아이가 깰까 봐 몇 배는 더 조심하며 다니느라 시간이 꽤 걸렸습니다. 제시간에 저녁을 준비하지 못하면 어쩌나 하는 걱정에 집으로 돌아오는 발걸음을 재촉했습니다.

양손 가득 무거운 장바구니를 들고 끙끙대며 계단을 올라갔네요. 짐도 무거운데 아이까지 안고 있으니 한 계단 한 계단 오르기도 숨이 차지만, 아내가 오기까지 한 시간도 채 남지 않은 터라 조금 더 힘을 냈어요. 아이는 곧 낮잠에서 깨어나겠구나, 오늘도 어쩔 수 없이 아이에게 핸드폰을 쥐어주고 저녁 준비를 해야겠구나 싶었습니다.

집 앞에 도착해서 열쇠가 어디 있나 찾는데, 현관문이 빼꼼히 열리더니 아내가 맞아주었습니다. 너무 놀라 무슨 일이냐고 묻자 말없이 웃으며 아이를 받아주지 않겠어요? 얼떨결에 집으로 들어와 보니 코끝을 자극하는 매콤한 냄새가 온 집 안에 가득했습니다. 오랜만에 실력 발휘를

아빠 육아로 달라지는 것들

했다네요. 늦지 않게 저녁을 차려야겠다는 생각으로 내내 저 자신을 몰아붙였는데, 그럴 필요가 없다고 생각하자 긴장이 풀렸는지 순간 멍해졌습니다.

식탁 위에는 따듯한 밥과 찌개 그리고 장모님 표 반찬 몇 개가 올라와 있었어요. 찌개는 제가 특별히 좋아하는 김치찌개였습니다. 다른 사람이 보기에 진수성찬은 아닙니다. 평범하다고 해도 어색하지 않을 저녁상이었죠.

자기가 아이를 돌볼 테니 먼저 먹으라는 말에 식탁 앞에 앉았는데, 김이 모락모락 나는 찌개 때문이었을까요, 숟가락을 잡아야 하는데 눈앞이 흐려져 어디 있는지 찾을 수가 없었습니다. 손으로 더듬어 숟가락을 들고 막 한 입 먹으려는데 얼굴에 따듯한 것이 느껴졌습니다. 국물을 흘린 건 아닌데 하며 손으로 쓱 닦았죠. 이렇게 있을 수는 없는데, 음식이 식기 전에 먹어야 하는데…… 도저히 숟가락을 입에 가져갈 수가 없었습니다.

식탁에 앉아 이유도 모른 채 흐르는 눈물을 주체하지 못하고 한참을 울었습니다. 한번 터진 울음은 멈출 줄을 몰랐고, 아내는 저를 말없이 안아주었습니다. 그날 제가 운 이유는 그간 식어버린 밥에 익숙해져서 누군가 차려준 '따듯한 밥에 낯설어하는 나'를 발견했기 때문인 것 같아요. 그렇게 저는 '여름날의 감기' 같은 우울증을 앓고 있었습니다.

우울의 고리를 끊는 진심

그날 이후 아내의 태도는 눈에 띄게 달라졌습니다. 가사 분담은 물론이고 저녁시간에는 육아도 함께하기 시작했지요. 처음에는 그런 배려조차 부담스러웠지만, 덕분에 자연스럽게 생긴 여유 시간에 저를 되돌아볼 수 있었습니다. 또 아내는 수시로 제 감정 상태를 물어보고 필요한 것을 채워주는 등 여러모로 저를 배려해주었어요.

아내의 사려 깊은 태도는 제 마음속에 가시 돋쳤던 '가사와 육아는 나만의 것'이라는 생각을 없애주었습니다. 아이에 대한 모든 책임이 오롯이 내게만 있다는 부담감에서 해방되자 저는 좀 더 자유로워졌고, 우울한 생각에서 벗어날 수 있었습니다.

아무래도 제가 겪은 이러한 감정의 변화는 전문가들이 말하는 우울증의 전형적인 패턴인 듯합니다. 주로 '무기력한 기분'에서 시작되며 아무것도 하기 싫고 몸에 힘이 들어가지 않지요. 그러다 보니 자꾸 일을 뒤로 미루거나 실수가 잦아지고, 자꾸만 반복되는 실수는 부정적인 자기평가를 불러옵니다.

엎친 데 덮친 격으로 수면부족과 만성피로는 심한 감정 기복을 가져오고, 이러한 감정이 오랜 시간 지속되면 우울한 감정이 주기적으로 반복되는 '우울증'으로 발전합니다.

저는 다행히 이른 시기에 전문가들이 주장하는 '우울의 고리'를 끊은 케이스입니다. 부정적 생각이 강화될 때 아내가 '당신이 가지고 있는 부정적 생각들은 틀렸다'고 말해준 덕분에 우울증에서 벗어날 수 있었습니다.

부정적 생각이 꼬리에 꼬리를 물 때, 반복되는 우울의 굴레에서 벗어날 수 있는 힘을 주는 것은 사랑하는 사람의 진심 어린 한마디입니다. 누가 먼저인지는 중요하지 않습니다. 지금 바로 따뜻하게 안아주세요.

　　　　　　　　　　　　　아빠육아로 달라지는 것들

엄마는 보호받아야 해요

1. 쉬운 근로로의 전환

임신한 근로자는 사업주에게 '쉬운 업무로의 전환'을 요청할 수 있다. 또한 출산 시까지 '시간 외 근로 및 야간/휴일 근로가 금지'된다.

2. 태아 정기검진

28주까지 4주에 한 번, 36주까지 2주에 한 번, 그 이상은 1주에 한 번씩 유급휴가를 받아 검진할 수 있다.

3. 임신 초기 및 말기 단축근무

임신 초기(12주 이내)와 후기(36주 이후)에 1일 2시간씩 유급으로 근로시간 단축이 가능하며, 단축 후 근무시간은 1일 6시간 이상이어야 한다. '근로시간 단축 신청서'와 '임신 진단서'를 사업주에게 '단축개시 3일 전'까지 제출해야 한다. 단축근무에서 보장하는 2시간은 '출퇴근 시간을 각각 한 시간씩 늦추고 앞당기는 방법' 또는 '출근을 늦게' 하거나 '퇴근을 일찍' 하는 방법으로 사용할 수 있으며, 사업주와 협의하에 조정할 수도 있다.

4. 출산 전후 휴가

출산 전후 90일(쌍둥이 이상은 120일) 보장. 출산일 다음 날부터 45일 이상(쌍둥이 이상은 60일) 유지되는 범위 내에서 사용 가능하다. 상황에 따라 '임신 초기'로 시기를 조정하여 출산 전후 휴가를 이용할 수 있다. '유산 또는 사산 경험'이 있거나 출산 전후 휴가를 청구할 당시 '나이가 만 40세'가 넘는 경우 그리고 '유산 및 사산의 위험이 있다는 의료기관의 진단서'를 제출한 후 사용 가능하다(필요시 분할 가능).

- **60일(다둥이 75일)** : 통상임금을 회사에서 지급
- **30일(다둥이 45일)** : 통상임금 기준, 상한액 180만 원, 하한액 최저임금 내에서 고용센터 지급

○ 우선지원대상기업(중소기업)의 경우 전체 기간에 대한 급여를 '고용센터'에서 지급함. 단 상한액인 180만 원 초과분에 대해서는 회사에서 지급함.

○ 고용보험에서 받는 급여는 휴가가 끝나는 날 이전의 '피보험 단위기간'이 180일 이상인 근로자에게만 해당함. 피보험 단위기간이 180일을 넘지 않는 경우라도, 최초 60일(다둥이 75일)에 한해 회사에서 통상임금에 해당하는 급여를 받을 수 있음.

○ 2019.7.1.부터 고용보험 미적용자(프리랜서 등)도 출산 전 18개월 중 3개월 이상 소득이 있고, 출산일 현재도 소득활동을 하고 있다면 출산급여(월50만원/3회)를 받을 수 있음.

○ 임신한 근로자에게 출산 전후 휴가를 부여하지 않는 고용주는 2년 이하의 징역이나 1,000만 원 이하의 벌금형을 받을 수 있음.

5. 유산/사산 휴가

임신기간에 따라 휴가일수가 달라지며, 해당일에서부터 휴가가 시작되므로 즉시 신청해야 한다. 급여수령 조건과 금액은 출산 전후 휴가와 동일하다.

- **11주 이내 - 5일**
- **12~15주 - 10일**
- **16~21주 - 30일**
- **22~27주 - 60일**
- **28주 이상 - 90일**

아빠육아로 달라지는 것들

2019.7.1.부터 고용보험 미적용자(프리랜서 등)도 유산/사산 전 18개월 중 3개월 이상 소득이 있고, 유산/사산일 현재도 소득활동을 하고 있다면 임신 기간에 따라 유산/사산급여가 차등 지원된다.

- **15주까지 - 30만원/1회**
- **16~21주 - 50만원/1회**
- **22~27주 - 50만원/2회**
- **28주 이상 - 60일**
- **28주 이상 - 50만원/3회**

6. 수유시간

생후 1년 이하의 아이를 가진 여성근로자는 1일 2회, 각 30분씩 유급 수유시간을 보장받는다. 사업주와 합의하에 1회, 1시간으로 조정 가능하며 '모유수유 후 늦게 출근'하거나 '일찍 퇴근 후 수유'가 가능하다.

7. 육아휴직과 연차

육아휴직 기간에도 출근한 것으로 간주하여 연차일수를 계산한다. 휴직 후 복직해도 연차일수는 휴직하지 않은 근로자와 동일하다.

저만
유별나서 힘든
걸까요

부모도 감정을 가진 사람이에요
잠, 우습게 보면 큰코다칩니다
그냥, 아무 말 말고, 이해해줘
육아는 계획대로 흘러가지 않습니다
엄마는 왜 늘 미안해해야 하나요
육아라고 쓰고 독박이라고 읽는다

책대로 안 된다고 자책하지 말아요
육아우울증, 얼마나 위험한지 아시나요

¶

이제부터 시작할 이야기는 지금까지의 전개와는 조금 이질적일지 모르 겠습니다. 다소 딱딱하다고 느끼실 수도 있을 거예요. 육아의 어려움에 서 '감정'이란 요소를 제거한 뒤 쓴 이야기이기 때문입니다. 육아의 어려 움을 논리적으로 납득시키기 위한 도구라고 해두죠.

누구든 이 글을 한 번이라도 읽는다면 "집에서 애 키우는 게 뭐가 힘 드냐?"라는 말은 함부로 하지 못할 겁니다. 육아가 힘든 이유를 최대한 이해하기 쉽게 서술했으므로, 육아를 하고 있는 사람이라면 다 읽고 나 서 무릎을 탁 치는 부분이 있으리라 생각합니다. 그 이유는 다음과 같습 니다.

먼저 느낌으로는 알지만 '말로 설명하기 어려운 문제'를 쉽게 풀어 줍 니다. 나의 '힘들다'라는 짧은 한마디는 그동안 쌓아온 수많은 감정을 내 포하고 있지만, 상대방에게는 지금 자신의 눈앞에서 벌어지는 단순한 사 건 하나 때문에 짜증내는 모습으로만 비칠 수도 있습니다. 그만큼 감정이라는 것은 상황에 따라 오해를 불러일으킬 여지가 많지요. 그러나 이 장을 읽고 나면 내가 육아를 하면서 왜 힘든지 조목조목 설명할 수 있을 겁니다. 단순히 힘들다는 말 이상으로 말이죠.

여기에 더해, 육아로 힘든 나를 위로해줄 겁니다. 육아에서는 정신과 육체 어느 한 부분도 절대 쉽지 않아요. 따라서 온전한 육아를 계속하기 위해서는 나 스스로 수긍할 만한 이유를 찾아야 합니다. 단순히 '힘들다'라는 감정만으로 사회통념이나 그동안 무의식적으로 배워와 나도 모르게 몸에 밴 생각을 떨쳐버릴 수는 없으니까요.

그래서 지금부터 할 이야기는 육아를 하고 있는 여러분에게 '부모라면 당연히 그래야 한다, 내가 더 잘하면 된다, 혹시 내게 문제가 있는 것은 아닐까?'라며 자신을 옭아매는 생각에서 벗어나게 도와줄 겁니다. 그럼 육아가 어려운 이유에 관한 이야기를 시작해보겠습니다.

부모도 감정을 가진
사람이에요

제가 아이에게 화내고 윽박질렀다가 이내 후회했던 이야기 혹시 기억
나시나요? 화내지 않고 아이를 보기는 너무나도 어렵다는 내용이었지
요. 그러나 육아를 경험해보지 못한 사람들은 아직 제 말에 동의하지 않
을 수도 있습니다. 읽던 책을 내려두고 "나는 너와 다르다", "나는 아이에
게 화를 내지 않고 키울 수 있다"라고 항의하고 싶을지도 모르겠네요.

그래서 지금부터 '아이가 어떻게 부모를 화나게 하는지'에 관해 설명
하려고 합니다. 이미 겪었거나 곧 여러분의 미래가 될 이야기이니 잘 들
어주세요.

육아를 할 때 가장 힘든 것, 다시 말해 부모의 인내심을 자극하는 아
이의 대표적인 행동은 '울음'입니다. 아이가 어릴 때는 '기초적 욕구'를
해소하기 위해 울지만, 조금씩 자아가 성장하면서 '자신의 의견'이 반영
되지 않을 때 단순한 짜증을 넘어 '분노'를 담아 울게 됩니다.

물론 처음에는 우는 모습조차 귀엽습니다. 방울방울 눈물을 짜내는

표정이 사랑스럽기까지 하죠. 그러나 '반복'되면 이것만큼 고역이 없습니다. 매일 쉬지 않고 들려오는 아이의 울음소리에 신경쇠약이라도 걸리지 않으면 다행입니다.

여기서 한 가지 의문이 생깁니다. 그저 반복될 뿐인데, 우리는 왜 힘들어질까? 그 이유를 설명하기 위해 미국 '관타나모 수용소'의 일화를 소개하겠습니다.

이 수용소는 쿠바 남동쪽 해안에 자리 잡고 있는 미 해군시설입니다. 별다른 재판 없이 구금 활동이 이루어져 UN의 거센 폐쇄 권고를 받은 것은 물론이고 여러 기관에서 '고문' 및 '학대' 의혹을 받고 있죠.

그런데 이 기관에서 시행한 '고문' 중에 '세서미 스트리트'와 관련된 내용이 있다면 믿어지세요? '세서미 스트리트'라고 하면 빨간색 털에 주황색 코를 가진 귀여운 '엘모'를 떠올리시는 분이 많을 테지요. 그런데 유아의 학습을 위한 이 TV 프로그램이 이 수용소에서는 조금 다르게 사용되었습니다. 관타나모의 교도관들은 귀여운 '엘모'를 어떻게 고문에 사용했을까요? 미국 내부문서를 살펴보면 이렇게 기록돼 있습니다.

관타나모의 수감자들은 제한된 공간에서 수일 이상 헤드폰으로 '엘모'를 만났습니다. 잠깐 동안 귓가에 맴도는 '세서미 스트리트'는 견딜 만했을 겁니다. 그러나 몇 시간이 아니라 며칠 동안 두 귀에 강제로 흘러들어오는 '엘모'의 목소리는 서서히 수감자들의 정신을 황폐하게 만들었습니다. 반복 청취로 즐겁게 영어를 가르쳐주던 '세서미 스트리트'가 무시무시한 '고문 도구'로 전락한 것이죠.

아빠육아로 달라지는 것들

반복되는 자극은 우리를 힘들게 합니다

비슷한 예를 또 하나 들어볼까요? 저는 음악을 들으며 일상생활의 스트레스를 풀곤 합니다. '스트리밍 형식'의 유료 음원 사이트를 주로 이용해요. 휴대폰으로 음악을 듣기 전에는 어땠느냐고요? 2000년대를 풍미한 'CD 플레이어'를 이용했습니다. 두 가지를 비교해보면 CD만의 감성을 포기한 것은 좀 아쉽지만, '반복의 굴레'에서 벗어났다는 점에서 지금은 만족하고 있어요.

사실 CD 플레이어로 노래를 듣다 보면(내가 아무리 좋아하는 가수의 노래라 할지라도) 어느 순간 '한계'가 옵니다. 같은 CD를 여러 번 감상하다 보면 나타나는 첫 번째 증상은 "다음엔 '이 곡'이 시작되겠구나"라고 예측하게 되는 거죠. 여기까지는 좋습니다. 그러나 좀 더 들으면 예측을 넘어 노래 중간 중간 '귀에 거슬리는 멜로디'가 생기게 되고, 한계점에 다다르면 결국 좋아하던 노래인데도 듣기가 힘들어지죠. 반복해서 들었을 뿐인데 좋아하던 노래가 듣기만 해도 피곤해지는 노래로 바뀌는 경험을 할 수 있습니다.

위의 두 사례에서처럼 '반복'은 우리를 힘들게 합니다. 육아도 다르지 않아요. 다시 한번 말하지만 우리가 사랑스러운 아이의 울음소리를 처음부터 싫어한 것은 아닙니다. '짜증내던 모습'조차 예뻐 보이는 때도 있었는걸요.

그러나 반복되는 '자극'에 버텨낼 장사는 없습니다. 쉴 새 없이 몰아치며 꼭 중요한 일이 생길 때마다 나를 붙잡고 울면서 놓아주지 않는 아이를 계속해서 얼르고 달래다 보면, 인내심은 곧 한계에 다다르게 되죠. 정신을 차려보면 아이에게 화내는 자신을 보게 되고, 이렇게 하루에도 수십 번 '이성의 끈을 놓는 경험'은 육아를 하는 내내 어쩔 수 없이 이어집니다.

티베트의 정신적 지도자이자 실질적 통치자인 '달라이 라마'조차 우는 아이를 달래는 부모를 보며, 자신에게 부모가 될 만큼 인내심이 있을지 모르겠다고 말한 적이 있습니다. 그러니 평범한 우리가 한계에 다다르는 것은 어쩌면 당연한 일이 아닐까요.

아빠육아로 달라지는 것들

잠, 우습게 보면
큰코다칩니다

다음에 열거된 증상의 원인은 무엇일까요?

만성피로, 무기력, 비만, 폭력성 증가, 질병, 사망

흔하디흔한 '만성피로'부터 듣기만 해도 섬뜩한 '사망'에 이르기까지, 증상의 범위가 매우 넓어 정답을 찾기 어렵습니다. 그런데 육아를 하며 흔히 겪는 다음의 경험과 위에 열거된 '증상'이 같은 원인에서 비롯된 다면…… 아마 제 경험담이 '남의 일'처럼 느껴지지는 않을 겁니다. 그럼 지금부터 질문의 답을 함께 찾아볼까요.

아내가 육아를 도맡아 할 때, 이해할 수 없는 증상 하나가 심한 '건망증'이었습니다. 손에 든 휴대폰을 찾으며 제게 전화를 걸어 달라고 부탁하거나, 가방 안으로 훤히 분유가 보이는데도 분유를 안 가져왔다며 허둥대던 아내. 물건을 찾다가 하루를 다 보내는 그녀가 이상해 보였습니다.

그런데 알고 보니 건망증은 비단 그녀만의 문제는 아니었습니다. 출산 후 대부분의 여성이 기억력 감퇴를 경험합니다. 바로 '마미 브레인'으로 알려진 증상이죠.

이러한 '기억력 감퇴'의 원인은 임신, 출산 그리고 수면부족으로 알려져 있습니다. 임신에서 오는 호르몬 변화는 기억력을 담당하는 뇌의 '회백질(육안으로 보았을 때 뇌의 회색 부분으로 표면에 주로 분포)'과 학습과 기억력을 담당하는 '해마'의 크기를 줄여 기억력 감퇴를 유발합니다.

상식적으로 이해가 안 가는 대목입니다. 앞으로 육아를 하려면 더 많은 기억력이 요구될 텐데, 왜 여성의 뇌에서는 이렇듯 '부정적 변화'가 일어날까요? 무언가 잘못되고 있다는 생각이 든다 해도 무리는 아닙니다. 그러나 알고 보면 이 변화는 새로운 생명을 보살피기 위한 희생이에요. 단순히 뇌 일부분이 축소되는 게 아니라 아이의 요구에 반응하고 위험에 대비하기 위해 뇌를 재구성하는 것입니다. 다시 말해, 아이를 더 잘 기르기 위해 기억력 감퇴를 감수하는 셈이죠. 그리고 여기서 주목해야 할 점이 있습니다.

위에서 설명한 마미 브레인에 관련된 '긍정적 변화'와는 다른 원인에 대해서입니다. 호르몬의 변화는 우리가 어찌할 수 없지만, 다음 내용은 적절한 도움을 받는다면 해결도 가능해 보입니다. 바로 '수면부족'입니다. 또한 이 문제는 외부에 그 원인이 있으므로 여성에게만 국한되지 않습니다. 육아를 하는 남성도 '기억력 감퇴'를 경험해요.

저만 해도 매일 밤 두세 시간마다 분유를 달라며 우는 아이 덕분에 수면의 질이 점점 나빠졌습니다. 심지어 아이를 안고 졸다가 떨어뜨릴 뻔해서 식은땀을 흘린 적도 있었죠. 어떻게든 극복하려고 커피를 마셔봐도 해소되지 않는 '멍한 느낌'은 하루 종일 저를 괴롭혔고, "잠 한번 푹 자봤으면 소원이 없겠다"라는 말이 저절로 나오게 되었습니다.

매일 비몽사몽간에 지내다 보니 비 오는 날 우산을 하나씩 잃어버리는가 하면, 장을 보러 갔다가 지갑을 챙기지 않아 빈손으로 집에 돌아오는 일이 부쩍 늘었습니다. 마미 브레인과 같은 건망증이 생긴 거죠.

육아로 생긴 수면박탈은 심각한 문제

저 역시 "예전엔 이러지 않았는데" 하며 고민만 했지, 수면부족이 원인일 줄은 몰랐습니다. 이유도 모른 채 자꾸만 이상해지는 제 자신을 마주하다 보니, 본격적인 육아를 시작하기도 전에 포기하고 싶어질 지경이었습니다. 그러나 이유야 어찌 됐든 "수면부족 때문에 육아를 포기하고 싶다"라고 하면 사람들의 반발을 샀을 게 뻔합니다.

아마도 "100일이 지나면 괜찮아진다던데, 그때까지 잘 버티면 되는 거 아니야?" 혹은 "부모로서 그것도 못해?"라는 반응이 나왔겠지요. 하지만 육아로 생긴 '수면박탈'이 '단순피로 혹은 기억력 감퇴' 이상의 심각한 결과를 초래한다는 사실을 알게 된다면 조금은 생각이 달라지실 거예요.

〈하버드 비즈니스 리뷰〉에 발표된 자료에 따르면, 3일간의 수면박탈은 혈중 알코올 농도 0.1%와 동일한 상태를 유발합니다. 이는 수면부족으로 '몸의 균형을 잃고 올바른 판단력을 상실'하며 '횡설수설함'을 겪을 수 있다는 뜻이고, 이로 인해 부모와 아이는 위험한 상황에 노출되기 쉽습니다. 지금 바로 유튜브에서 수면부족과 관련된 영상을 찾아보기를 권합니다.

한편 수면부족으로 힘들어하던 저에게 아내가 했던 진심 어린(?) 조언처럼 "아이가 낮잠 자는 시간에 부모도 같이 자면 되지 않아?"라고 반응하실지도 모르겠네요. 아이가 잠든 시간에 해야 할 산더미같이 쌓인 집안일을 제쳐 두고 낮잠을 잘 수만 있다면 분명 피로 해소에 도움이 될 겁니다. 이를 뒷받침해줄 '수면박탈 후 회복'에 관한 실험 결과도 있으니까요.

해당 실험은 미국 펜실베이니아 대학교에서 수행되었는데, 피실험자에게서 하룻밤 혹은 이틀 밤의 수면을 강제로 박탈한 뒤 누적된 피로해소를 위한 수면시간을 측정했습니다. 도출된 결과에 따르면 하룻밤의 수면박탈은 단 2시간의 깊은 잠으로 보충할 수 있고, 이틀 밤의 수면부족은 5시간의 숙면으로 회복할 수 있다는 것을 확인할 수 있었습니다. 이런 결과만 놓고 본다면 육아에서 오는 수면부족은 충분히 극복할 수 있는 문제 같지요.

그러나 이 결과는 단순히 '피로의 회복' 측면에서만 그럴 뿐, 장기적으로 육아를 하는 사람에게는 결코 추천할 수 없는 방법입니다. 누적된 수면부족은 뇌에 '회복할 수 없는 손상'을 초래하기 때문입니다.

같은 대학교에서 수행한 또 다른 실험에서는 수면을 박탈당한 피실험자가 이후 4일 동안 충분한 휴식을 취했는데도 불구하고 뇌의 일부 기능이 실험 전 상태로 돌아오지 않았다는 결과를 내놓았습니다. 뇌에 회복할 수 없는 손상을 입은 것이죠. 몸은 개운해졌지만 뇌의 손상은 휴식으로 되돌릴 수 없었습니다.

이야기가 조금 어려워진 감이 없지 않네요. 사실에 근거한 글이다 보

아빠육아로 달라지는 것들

니 분위기가 다소 무거워진 듯합니다. 그러나 '수면부족이 생각한 것 이상으로 심각한 문제'라는 사실을 잘 알게 되셨을 거예요.

또한 도입부에서 열거한 여섯 가지 증상이 수면부족과 연관된다는 것도 이미 짐작하셨을 겁니다. 기억하세요. 제대로 된 육아를 위해선 충분한 수면이 필요하며, 수면박탈 해소에는 배우자의 육아참여가 절실하다는 사실을요.

그냥, 아무 말 말고,
이해해줘

'화성에서 온 남자와 금성에서 온 여자'처럼 극단적인 이야기는 아니지만 부부생활 측면에서, 특히 아이를 키우는 분들에게 필요한 이야기를 하고자 합니다. 대부분의 부부싸움은 서로에 대한 이해의 부족, 차이점에 대한 인식의 결여에서 나오죠. 조금만 알아도 작은 다툼이 큰 싸움으로 번지지 않을 텐데, 매번 언성이 높아지는 일로 발전하는 데는 그만한 이유가 있습니다. 그래서 서로에 대한 이해를 돕기 위한 내용을 준비했습니다. 사자성어로 시작해보죠.

역지사지

다른 사람의 처지에서 먼저 생각해보라는 뜻입니다. 상대방의 마음을 움직이려면 그 사람의 입장을 이해해야 함을 강조할 때 자주 인용되는 사자성어입니다. 여기서 말하는 '상대방의 입장'이란 무엇일까요?

그것은 바로 '차이'예요. 개인이 추구하는 생각과 가치관을 반영하는 이 특성은 타인과 나를 구분 짓기도 하지만, 때론 갈등의 원인이 되기도 하죠. 따라서 '다름을 생각해보는 것', 즉 상대방의 입장을 이해하는 일은 매우 중요합니다. 이것을 알고 모르고는 정말 큰 차이를 불러옵니다. 또한 부부 관계에서도 서로 간의 차이를 알 때 이해의 폭이 넓어지는 것은 부정할 수 없는 사실입니다.

그래서 지금부터 여성과 남성의 차이, 즉 '생화학 요인'에 관해 이야기해보고자 해요. 이는 앞으로 설명할 육아우울증과도 연결됩니다. 그럼 부부가 어떻게 다른지에 관해 알아보겠습니다.

해피니스 호르몬 '세로토닌'의 작동원리

정신학에서 생화학 요인이란, 뇌 속에서 이루어지는 화학 작용이 사람의 감정에 미치는 영향을 연구하는 분야입니다. 이 생화학 요인의 연구에서 빼놓을 수 없는 것이 바로 '신경전달물질'이죠. 신경전달물질이란 뉴런 (우리의 몸속에서 정보를 전달하는 신경조직의 한 단위) 사이의 정보전달의 한계를 보완해주는 물질입니다. 쉽게 말해 복잡한 의사소통을 원활하게 하기 위한 보조적 도구예요.

그중 행복과 밀접한 연관이 있는 '세로토닌'의 작동원리를 살펴보려고 합니다. 남녀 차이를 설명하기 위해선 먼저 '해피니스 호르몬'으로 알려진 세로토닌이 인간에게 어떻게 즐거운 기분을 느끼게 하는지 알아야 합니다. 이해를 돕기 위해 한 가지 예를 살펴보겠습니다.

누구나 한 번쯤은 '감동적인 책'을 읽고 가슴이 뭉클해진 경험이 있을 겁니다. 저는 이런 좋은 책을 발견하면 구입해 소장하곤 합니다. 틈만 나면 책을 사 모으다 보니 어느새 거실의 한 면이 책으로 꽉 찬 덕에, 굳이 의식하지 않아도 집안을 돌아다니면 저도 모르게 책에 눈이 가곤 하지요. 물론 책장에 세로로 꽂아두어 단지 제목만 볼 수 있지만, 그 시각 정보만으로도 충분히 예전의 기억을 되살릴 수 있습니다. "아, 이런 내용이었지. 참 좋은 글이었어"라는 기억은 제게 다시 한번 벅찬 감동을 불러일으키곤 합니다.

그런데 책이 우리에게 감동을 주는 과정을 좀 더 자세히 생각해보셨나요? 책 속의 '활자'라는 시각정보가 각막과 홍채 그리고 수정체를 거쳐 망막으로 향한 뒤 시세포를 자극해 뇌로 전달되는 과정을 말입니다.

여기서 우리가 주목해야 할 점은 '책을 읽고 감정의 변화가 생기는 것'이란 사실과 함께 '기쁨이 전달되는 과정'입니다. 이 과정은 우리 생각과는 조금 다릅니다. '감기'를 예로 들어 비교하면 쉽게 이해할 수 있을 거예요.

갑자기 열이 나고 콧물이 흘러 약국에 갔습니다. 종합감기약을 사서 그 자리에서 복용하여 수 시간 내에 증상을 완화했어요. 이때 약은 '복용', 즉 약을 먹는 행위를 통해 우리 몸속으로 들어갔습니다. 소화 작용을 거친 약은 형태가 변하며 몸에 흡수되어 감기 증상을 견뎌낼 수 있게 해주었죠.

이쯤에서 책이라는 시각정보와 감기약의 차이가 느껴지시나요? 유심히 책을 읽은 분들은 그 차이를 눈치 채셨을 겁니다. 그렇습니다. '책'은 '감기약'과 달리 몸속에 흡수되어 형태가 변화되는 것이 아니에요. 책을 읽는 행위가 기분의 변화를 가져오는 것은 분명합니다. 그러나 우리의

아빠육아로 달라지는 것들

감정을 변화시킬 때 '책'이 소모되거나 '모습이 변화(너무 많이 읽어 낡아지는 것을 제외)'하지는 않지요.

다시 말해 감기약은 대사과정을 통해 형태가 변하며 증상을 완화해주지만, 책은 형상을 그대로 유지한 채 나의 기분을 조절합니다. 신경전달물질의 작동 원리도 '책이 나에게 감동을 주는 원리'와 동일하죠. 고유한 형태를 유지한 채 감정을 조절한다는 점에서요.

여기서 "이런 단순한 원리를 왜 장황하게 설명할까?" 하고 생각하실 수도 있겠지요. 단순히 "세로토닌은 형태의 변화 없이 인간이 행복을 느끼게 한다"라고 간단하게 설명할 수도 있는데 말입니다. 그런데 많은 지면을 할애해 설명한 이유는 여기에 '다름'의 이해에 필요한 키워드가 숨어 있기 때문이에요. 바로 '농도'입니다.

감동을 주는 좋은 책이 많으면 많을수록 우리 기분은 좋아집니다. 이와 마찬가지로 신경전달물질인 세로토닌의 '농도'가 높을수록 우리는 행복한 감정을 느끼지요. 반대로 세로토닌의 농도가 낮을 때 우리는 우울한 감정에 빠져듭니다. 이렇게 중요한 세로토닌의 농도 조절과 관련해 여성과 남성에게는 큰 '차이'가 있어요. 이 다름이 남녀가 서로를 이해하는 데 결정적인 역할을 합니다. 먼저 신경전달물질의 합성에 관한 내용으로 시작할게요.

내 감정이 롤러코스터를 타는 이유

스트레스를 받으면 몸속에서 '코르티솔'이라는 신경전달물질이 분비됩니다. 그러면 맥박이 빨라지고 몸이 긴장하면서 '상황을 해결하기 위한 준비'에 돌입하죠. 이와 동시에 코르티솔은 체내 세로토닌의 기능을 저하하거나 소진하는 역할도 합니다. 그러나 계속해서 '긴장상태'를 유지할 순 없고 스트레스 상황이 끝나면 몸은 원래의 상태로 돌아가야 합니다. 이때 필요한 것이 바로 세로토닌의 합성입니다. 여기서 첫 번째 차이가 발생합니다.

남성의 경우 체내에서 세로토닌 합성이 비교적 빠르게 진행됩니다. 이는 스트레스를 받기 전의 상태로 쉽게 돌아갈 수 있음을 의미하죠. 그러나 여성의 경우 세로토닌의 합성이 느려서 스트레스에 노출되기 전, 즉 행복한 상태(세로토닌 농도가 높은 상태)로 돌아가기까지 상대적으로 많은 시간이 필요합니다. 따라서 여성은 남성보다 우울한 감정에서 빠져나오는 시간이 길어요. 게다가 이것 말고도 여성과 남성은 세로토닌에 관한 민감도에서도 뚜렷한 차이를 보입니다.

앞에서 신경전달물질은 '농도'를 통해 감정에 영향을 미친다고 했습니다. 즉 현재 몸속에 있는 신경전달물질의 농도에 따라 우리는 기쁨을 느끼기도 하고 우울한 감정에 젖어들기도 합니다. 그런데 여성은 이런 신경전달물질의 농도 변화에 남성보다 민감하게 반응하고, 세로토닌의 농도가 낮아지면 남성보다 빨리 우울한 감정을 느낍니다.

이 정도만 해도 꽤 큰 차이라고 생각되지만, 이게 끝은 아닙니다. 더 문제가 되는 것은 '신경전달물질의 농도 변화'를 일으키는 상황이 여성에게 더 많이 일어난다는 것입니다. 이는 여성만이 겪는 특징이며, 농도 변화의 주된 원인으로는 '월경' '임신' '출산'이 있습니다. 이 같은 일련의 과정에서 여성은 급격한 호르몬 변화를 경험합니다. 이렇듯 세로토닌의 '농도변화에 민감'하고 '낮은 합성 속도'를 가진 여성들은 반복되는 스트

아빠육아로 달라지는 것들

레스 상황에 처할 뿐만 아니라 회복에도 많은 시간을 필요로 합니다.

지금까지 여성과 남성의 '다름'에 초점을 맞추어 이야기했습니다. 여성의 경우 호르몬의 변화 및 신경전달물질 측면에서 남성보다 스트레스에 취약함을 알 수 있었죠. '반복되는 우울한 감정'이 우울증의 척도라는 사실로 미루어 볼 때, 주기적이고 피할 수 없는 여성의 고통은 반드시 배려해야 할 문제입니다.

그러므로 우리는 반드시 이 '다름'을 기억해야 합니다. 이유 없이 우울하거나 힘들었던 날들 그리고 아내가 평소와 달라보이던 어떤 날의 대부분은 이런 차이에서 기인했으리라는 사실을요. 지금부터라도 이 차이를 이해하고 서로를 바라본다면, 이전까지 해결하지 못한 문제를 풀 열쇠를 찾을 거라고 확신합니다.

육아는 계획대로
흘러가지 않습니다

육아를 하며 흔히 느끼는 감정 중 하나는 '무엇 하나 마음대로 되지 않는 다'는 것입니다. 여기에 배우자와의 관계 그리고 시월드라는 변수가 더 해지면 하루는 예측하기 어렵게 흘러가죠. 이럴 때는 계획한다는 것이 불가능에 가깝습니다. 저는 그게 당연하다고 생각합니다.

그런데 이렇게 얘기하면 성격 급한 사람들이 눈을 부릅뜨며 "계획이 쉽지 않은 이유를 설명해봐!"라고 따질지도 모르겠네요. 지금까지 계획 하는 것만큼은 둘째가라면 서러운 사람들은 제 주장을 납득하기 어려울 수도 있을 테니 계획에 대해 좀 더 자세히 알아볼까요?

계획이란 무엇인가

이 질문에 올해 초 작성한 신년 계획을 떠올리거나 혹은 주말에 가족 과 함께할 여행을 떠올리는 분들이 적지 않을 거예요. 저처럼 어릴 때 선생님께 숙제로 제출한 '방학 계획표'를 기억하며 몸서리치는 분도 있겠지요. 한편 이런 생각만으로는 계획에 대해 알기엔 조금 부족한 느낌이 듭니다. 계획을 좀 더 자세히 알기 위해 단어 뜻부터 찾아봐야겠네요.

계획의 사전적 의미는 "앞으로 해야 할 일의 절차, 방법, 규모 따위를 미리 헤아려 작성함"입니다. 간단히 정리하면 '원하는 것을 얻기 위한 사전 준비'입니다. 학창 시절 좋은 성적을 얻기 위해 '학습계획표를 작성'하거나 하루를 시작하며 다이어리에 '해야 할 일을 기록'하는 것 등을 쉽게 예로 들 수 있죠.

자, 계획이 '앞으로 실행할 일'을 염두에 두고 만든 것이라면 그 목표를 완성하기 위해선 빼놓을 수 없는 '계획의 실행'을 살펴보도록 하죠.

계획의 실행 측면에서는 누구나 할 말이 많을 겁니다. '계획을 멋지게 실천한 이야기'를 말하고 싶은 사람도 있겠지만, 대부분은 계획했는데 실행하지 못한 기억을 가지고 있겠지요. 그래서 어렸을 때는 부모님이나 선생님께 혼나고 어른이 되어서는 직장상사에게 잔소리를 들었을 거예요.

이럴 때면 조금은 억울한 마음도 들지요. 단지 '계획'이 조금 틀어졌을 뿐 열심히 하지 않은 것은 아니니까요. 그런데 대개 우리가 세운 계획과 현실 사이에는 큰 괴리가 자리하게 마련입니다. 무언가를 잘해보려고 계획해도 실행 단계에서 늘 발목을 잡힙니다. 우리는 왜 뫼비우스의 띠를 도는 것처럼 같은 실수를 반복할까요? 우리가 '처음 계획을 배울 때'에서 그 답을 찾을 수 있습니다.

계획대로 되지 않는 날이 원래 더 많다

우리가 흔히 기억하는 가장 오래된 계획은 '방학 계획'일 거예요. 방학하기 전에 선생님은 우리에게 '큰 동그라미'가 그려진 회색 종이를 주면서 '계획표 작성법'을 가르쳐주곤 하셨죠.

동그라미 주변에 24개의 눈금을 그리고 그 위에 '시간'을 적은 다음 '해야 할 일'과 '하고 싶은 일'을 정한 뒤 적절하게 시간을 분배하여 원하는 칸에 적고, 원의 중심과 둘레에 그려놓은 눈금을 연결한 뒤 예쁘게 색칠하면 방학 계획은 마무리됩니다. 저도 선생님의 가르침에 따라 계획표를 완성은 했지만, 미술영역에 그다지 소질이 없던 터라 자랑할 만한 작품을 만들지는 못했죠.

그러나 계획표의 미관상 아름다움에 관계없이, 저를 포함해서 그날 만든 계획표대로 방학을 보내는 친구는 없었습니다. 깔끔한 계획표든 알아보기 힘든 엉망진창 계획표든 말이죠. '계획대로 살 수 없었다'라고 말하는 게 더 정확한 표현일까요. 저는 이것을 '계획된 실수'라고 부릅니다.

그렇게 부르는 이유가 단순히 일정과 일정 사이에 쉬는 시간을 넣지 않아서와 같은 것이라고 오해하지 않았으면 합니다. 어떻게 보면 계획은 완벽했습니다. 다만 한 가지를 고려하지 않았을 뿐이죠. 바로 '사람'이라는 요소입니다.

우리는 계획의 주체 안에 포함된 사람이라는 '변수'를 놓치곤 합니다. 예를 들어 건강한 몸을 만들기 위해 '주 5회 운동'을 계획하고 석 달치 헬스 회원권을 끊었지만, 본인의 건강상태를 고려하지 않은 채 무리하게 운동하다가 몸살이 나서 몇 번 다니지 못한 경험이 있을 겁니다. 이렇듯

아빠육아로 달라지는 것들

'사람이라는 변수'를 무시한 결과, 우리는 지금까지 열심히 '작심삼일 계획'을 반복한 거죠.

　다시 육아로 돌아오겠습니다. 제가 말하는 육아의 어려움은 바로 '계획'에서 시작됩니다. 우리는 육아를 계획할 때 "아이를 위해 무엇을 해줄까?"는 고민해도 '아이와 양육자'라는 변수는 고려하지 않고 넘어갑니다. 이처럼 '사람'이라는 변수를 계획에 넣지 않으면 육아에서 하루하루는 '계획대로 흘러가지 않는 날'이 대부분일 것입니다.

　사람이라는 변수가 육아에 얼마나 큰 영향을 미치는지 깨달으면 여러분이 육아를 바라보는 시각은 한층 더 넓어집니다. 그리고 이후 계획을 세울 때는 '현실'에 한걸음 더 가까이 다가갈 수 있어요. 앞으로는 계획이 어긋나는 게 여러분의 잘못만은 아니라는 사실을 기억하기만 해도 큰 도움이 될 겁니다.

사촌동생 몇 시간 봐주고서 육아를 논하지 마라

계획에 '사람'이라는 변수를 고려하지 않으면 이는 곧 '계획의 실패'로 연결된다고 말씀드렸지요. 그러나 육아의 어려움을 설명하면서 단순히 "계획할 때 사람을 고려하라"고만 말하기에는 억지스럽기도 합니다. 사람이라는 변수와 함께 육아를 어렵게 하는 또 다른 요소가 있죠. 바로 '경험의 부족'입니다.

　경험은 우리 삶에서 빼놓을 수 없는 요소입니다. 경험에 관해서는 학자들 사이에서도 다양한 견해가 있지만 '어떠한 사건을 체험함으로써 얻은 결과를 삶에 적용하는 것'이라는 데 큰 이견은 없습니다. 여기서 말하는 체험은 꼭 직접적일 필요는 없어요. 간접경험을 통해서도 꽤 괜찮은 지식을 얻을 수 있으며, 이는 특히 교육 분야에 널리 적용됩니다.

도시인들은 '농촌 체험'을 통해 먹거리의 소중함을 배우고, 학생들은 '해병대 체험'을 통해 극한 상황에서 생존하는 법을 배웁니다. 이 값진 경험은 우리 삶을 좀 더 가치 있게 만들어주죠. '경험을 통해 지식을 쌓고, 미래의 일을 대비'할 수 있다니 얼마나 희망적인가요.

그러나 육아는 조금 다릅니다. 이런 간접경험이 유효하지 않아요. 제 간접 '육아 경험'도 실제로 육아할 때 그리 도움이 되지 않았습니다. 전혀 되지 않았다고 하면 거짓말이겠지만, 그 경험은 저의 힘든 시간과 온전히 함께해주지 못했습니다. 마치 조각난 퍼즐과 같았죠. 왜 그랬을까요?

그 이유는 제가 쌓거나 믿어온 '육아 경험'이 완벽하지 않았기 때문입니다. 제가 한 육아 경험은 지극히 단편적이라 모든 부분에 적용될 수 없었죠. 너무나 당연한 소리처럼 들릴지도 모르겠네요. 마치 '인간은 사람이다'와 같은 문장처럼요. 그러나 해답이 저 쉬운 문장 안에 있는 것은 확실합니다. 농촌 체험을 가지고 더 구체적으로 설명해보겠습니다.

모내기철 일손이 부족한 어느 시골에서 벼농사를 돕게 된 상황입니다. 가벼운 마음으로 간 체험은 생각보다 고됐습니다. 지금까지는 밥상에 올라오는 식자재에 전혀 관심이 없었지만 고된 농사 체험을 통해 '농부의 값진 노력으로 얻은 쌀로 만든 밥을 다시는 남기지 않겠다'라는 매우 소중한 교훈을 얻었습니다. 그런데 이런 교훈을 얻었다고 해서 지금 당장 '귀농'해서 농사를 지을 수 있을까요? 당연히 불가능합니다.

모내기철에는 그럭저럭 해나갈 수 있을지도 모릅니다. 그러나 계절이

아빠육아로 달라지는 것들

바뀜에 따라 해야 하는 일, 즉 '김을 매고', '추수를 하고', '휴경지를 관리' 하는 일에 대해서는 전혀 알지 못하죠. 이것이 바로 '간접경험'의 한계입니다.

육아에서도 마찬가지입니다. 시간의 흐름에 따라 계절이 바뀌듯, 어느 한 순간에 머물러 있지 않고 계속해서 변화하며 자라는 '아이'라는 한 생명은 부모를 '과거의 어느 한 경험'에 머무르게 하지 않습니다. 매일매일 '새로운 아이'와 마주해야 하죠. '나의 경험이 적용되는 날'보다는 '그렇지 않은 날'이 더 많아 쩔쩔매는 것이 당연합니다.

어제까지는 온순하다가도 오늘은 소리를 지르고, 오늘은 밥을 잘 먹다가도 내일은 반찬투정을 할지 모릅니다. 정말 '알다가도 모르겠다'라는 말은 이런 경우를 두고 하는 말일 겁니다.

해병대 체험을 다녀왔다고 해서 해병대 출신이라고 할 수 있을까요? 같은 맥락에서 명절에 사촌동생을 고작 몇 시간 봐주고서 혹시라도 육아에 대해 논했다면, 지금부터는 좀 더 고민해봐야 합니다. 육아는 사람을 키우는 일이고, 사람을 키우는 일은 '특정한 경험'을 거부합니다. 이는 곧 '경험의 부재'로 연결되고 결과적으로 '육아의 어려움'으로 다가옵니다.

엄마는 왜
늘 미안해해야 하나요

'계획대로 되지 않는 것'과 함께 육아하는 부모를 괴롭히는 것은 언제나 '미안한 마음'입니다. 늘 가슴 한쪽 구석에 자리잡고 있죠.

집을 치우고, 식사를 준비하고, 아이를 돌보며 매 순간 최선을 다하지만 '실수'를 아예 안 할 수는 없으니 미안함을 느끼게 됩니다. 외출할 때마다 행여 아이가 다칠까 봐 노심초사하지만 잠깐만 한눈팔아도 아이는 그새 넘어져 울고 있습니다. 무릎에 작은 상처라도 보이면 미안해집니다. 아내가 어쩌다 '집안일'을 도와주면 그것도 미안하고요. 이렇게 미안해해야 하는 하루가 계속되던 어느 날, 저는 스스로에게 질문을 던져보았습니다.

난 왜 늘 미안해해야 할까?

물음에 답을 찾기 위해 과거로 돌아가 보았습니다. 제가 직장을 다니고 아내가 가사를 돌볼 때로 말이죠. 그때도 미안해했었나? 생각해보니 아니었습니다. 적어도 직장에서 '잘못된 문서처리'로 상사에게 혼났다고 해서 아내에게 미안해하지는 않았어요. 오히려 위로를 받으면 받았지요. 퇴근 후 모처럼 놀이터에서 아이를 데리고 놀다가 부주의로 아이가 다쳤을 때도 "일하고 와서 힘든데 애까지 보느라 고생했어. 원래 다치면서 크는 거니까 괜찮아"라고 말하는 사람들이 있었을 뿐, 누구도 저에게 책임을 물은 적은 없습니다.

그런데 육아휴직을 하고 가사를 도맡으면서는 왜 미안해해야 할까요? 반찬이 맛이 없어도, 아이가 다쳐도, 집이 더러워도 저는 늘 미안함을 느꼈습니다. 반찬은 다시 만들고, 아이의 상처도 대수롭지 않은 경우는 간단히 치료하면 되고, 어질러진 집도 다시 정리하면 된다고 머리로는 생각해도 목에 박힌 가시처럼 '미안한 마음'이 가시지 않았습니다.

곰곰이 한번 생각해보죠. 미안해하는 감정은 '실수'에서 나옵니다. 열심히 해도 자꾸만 생기는 실수에서 말이에요. 요령이라도 피웠다면 덜 억울할 텐데 최선을 다했는데도 이런 결과가 나오니 참기 어렵습니다. 가슴이 답답합니다. 더 늦기 전에 실수를 만들어내는 원인을 찾아야 한다고 생각했습니다. 고민 끝에 제가 찾아낸 원인은 다음과 같습니다.

실수하고 미안해하기가 반복되는 개미지옥

우리가 직면하는 실수의 원인은 '가사'의 집중에서 발생한 '과부하' 때문입니다. 집 밖에서 돈을 벌어오는 것을 제외한 모든 집안일은 내 몫이라고 생각해 최선을 다하지만 너무나 많은 일로 허덕이게 되죠. 어느 것 하나 집중해서 끝마치기 어려운 상황이 계속되다, 결국 실수하고 미안해하는 과정이 반복되는 겁니다. '해야 할 일이 조금이라도 적으면 이런 미안한 마음이 조금 덜 들 텐데' 하고 생각하던 저는 문득 다음과 같은 의문을 품게 되었습니다.

이 시대에 가사와 육아는 왜 한 명에게만 집중될까?
이것은 개인(가정)의 문제일까, 아니면 사회 전반적인 문제일까?

여기서 문제의 원인을 '사회 전반적인 문제'라고 가정할 때 이를 뒷받침할 근거를 어디에서 찾을 수 있을까요? '한 명에게 모든 집안일이 집중되고 그 책임도 져야 하는 이 현상'을 가장 잘 찾아볼 수 있는 곳은 바로 우리가 흔히 접하는 TV입니다.

주저하지 말고 지금 당장 집에 있는 TV를 켜보세요. 채널을 돌려 '드라마'를 보면 (꽤나 높은 확률로) 밥을 차리고 집안일을 하는 '여성'과 직장에서 돈을 벌어오는 '남성'을 볼 수 있습니다. 가사와 직장일은 분리되어 있고, 집안일은 모두 아내의 몫이죠. 심지어 퇴근해서 돌아온 남자가 '더러운 집'을 보며 아내를 질책하는 모습도 볼 수 있습니다.

"무슨 말도 안 되는 소리를 하는 겁니까!"라며 항의하는 분이 있을지도 모르겠습니다. "요즘은 교육이 잘돼서 '가사의 집중' 따위는 없어진 지 오래"라거나 혹은 "저런 건 드라마에서만 볼 수 있는 '상황 설정'"이라고 말하는 분도 있을 겁니다. 그러나 현실은 그보다 조금 더 우울합니다.

의외로, 아직 우리 교육 현장에서조차 '성 불평등'은 공고하게 남아있습니다. 2017년 보급된 초등학교 1, 2학년 교과서에는 주로 남성은 생

아빠육아로 달라지는 것들

계를 부양하고 여성은 자녀를 돌보는 일을 포함한 '모든 집안일'을 하는 것으로 묘사되어 있습니다. 이 상황을 잘 설명해주는 교과서 삽화를 예로 들어보겠습니다.

한 가정의 아침 풍경입니다. 거실에 있는 아내는 분주히 아이들의 옷을 입히고 있는데, 뒤로 보이는 부엌에서 찌개가 끓어 넘칩니다. 식탁 왼쪽 다림판 위 셔츠는 다리미에 검게 그을려 연기가 나고 아내는 어찌할 바를 모르는데, 남편은 여유로운 표정으로 자신의 출근 준비만 합니다. 모든 것은 '아내의 책임'이라는 듯 말이죠. 그러나 여기에도 반론은 존재합니다.

"우리 집에서는 합의하에 남편은 직장에 다니고 아내는 가사를 맡기로 했습니다. 이것이 불평등은 아니지 않나요?", "남자가 돈도 벌고 집안일도 하면 오히려 '역차별'아닌가요?"라고 말이죠. 이런 주장처럼 남편이 경제적 의무를 다하고, 아내가 가정 일을 책임지기로 결정했고, 이 결정에 서로 합의했다면 저도 그 주장에 반대할 생각은 없습니다. 그러나 제 '동의'는 아이가 태어나기 전까지로 한정됩니다.

아이가 태어나면 상황은 급격하게 내리막으로 치닫습니다. 모든 것이 변해요. 아내는 집안일을 할 수 없고, 하더라도 제대로 할 수 없다는 데는 의심의 여지가 없습니다.

그러나 "눈물 젖은 빵을 먹어보지 않은 자와는 가난을 이야기하지 마라"라는 말처럼 직접 몸으로 부딪히며 겪지 못한 부분을 바로 이해하기에는 분명히 한계가 있습니다. 여러분의 이해를 돕기 위해 '상황가정'을 해보겠습니다.

눈뜬 순간부터 잠자리까지 함께하는 아기 직장상사

지금부터 아이와 함께하는 하루를 직장생활에 대입할 겁니다. 먼저 여러분이 다니는 직장의 상사(이하 A)를 떠올려보세요. 이 직장상사는 우리가 눈뜬 순간부터 잠자리까지 함께할 겁니다. 생각만으로도 이미 지쳐버린 분도 있을지 모르겠지만, 이제 시작이니 힘을 내봅시다.

자, 상사 A와의 하루가 시작되었습니다.

A가 모닝콜을 대신해 우리를 깨웁니다. 이미 지난밤 수시로 울어대는 A 때문에 잠을 못 이룬 터라 불만이 가득하지만 어쩌겠어요. 애써 웃으며 일어납니다.

생리현상을 해결하려 화장실로 향하는데 A가 따라옵니다. 같이 들어갈 수 없다고 설명하지만 제 말은 들을 생각도 하지 않습니다. 그렇다고 화장실에 못 들어오게 하면 큰 소리로 울 게 뻔하기에 번쩍 안고 들어가요.

출근을 위해 A를 안고 씻으려 했지만 힘에 부치기도 하고, 위험해서 계속 안고 있을 순 없으니 욕조에 물을 받습니다. 좋아라하며 신나게 노는 A가 다칠까 싶어 신경 쓰는 통에 머리는 어떻게 감고 세수는 제대로 했는지 기억도 안 나네요.

덕분에 오늘도 출근 전 시계는 빠르게 흘러갑니다. 간단히 샤워하면 될 것을 목욕까지 한 탓에 출근할 때 입을 옷 한벌 제대로 고를 여유도 없는데, 옆에서 놀아달라며 A가 칭얼댑니다. 마음은 점점 더 급해지고……

오늘 아침도 제대로 차려 먹기보다는 냉장고에 있는 밑반찬으로 간신히 허기만 면해야 할 것 같습니다. 그것도 사치일까요. A에게 밥을 먹이다 보니 저는 뒷전으로 밀려나 반도 넘게 남은 아침상을 뒤로하고 부랴부랴 출근길에 오릅니다. 시작부터 느낌이 좋지 않아요. 첫 단추부터 잘못 꿴 느낌입니다. 출근하면 좀 나아지려나요?

그러나 회사의 상황은 이보다 더 심각합니다. 중요한 회의를 앞두고 분주히 자료를 만드는 내 곁에서 칭얼대는 A. 아무리 타이르고 애원해도 말이 통하지 않고 급기야 울음을 터트립니다. 더 이상 회의 준비가 불가능합니다. 중요한 거래처의 전화를 받으려고 하면 빼앗아가고, 잠시 피로를 풀기 위해 커피 한잔 마시려고 해도 함께 놀아주지 않는다며 울어버리는 A가 너무나 밉습니다.

아침을 제대로 먹지 못했으니 점심이라도 제대로 챙겨야 하지만, 샌드위치로라도 끼니를 때우면 그날은 잘 먹은 날입니다.

잠시 뒤 A의 낮잠시간입니다. 한두 시간 낮잠을 자니 겨우 한숨 돌리고 이때 밀린 일을 해치워야 합니다. 하루 중 A 없이 지낼 수 있는 유일한 시간이지만 일하기도 부족해 나에게 쓸 여유는 없습니다.

할 일이 아직 남았는데 A가 일어났네요. 체력을 충전하고 다시 괴롭히기 시작하는 A 덕분에 정신없이 남은 근무시간도 지났습니다. 곧 퇴근입니다. 이제 좀 쉴 수 있을까요?

그럴 리가요. 퇴근 후 회식도 하고, 집에 와서 쉬면서 지친 몸과 마음을 달래고 싶지만, A는 나의 사치(?)를 용납하지 않습니다. 집에서도 끊임없이 나를 찾으니 '퇴근'은 더 이상 '퇴근'이 아니라 '또 다른 직장으로 출근'하는 것이 돼버립니다. 내일 아침에 있을 회의 자료 준비는 손도 못 댔는데, 어느덧 잠자리에 들 시간이 되었습니다. 침대에 누우니 걱정이 밀려오네요. '오늘과 같은 내일이 또다시 반복되리라는 사실'이 너무 무섭습니다. 내 인생에 나는 없고 오직 A만을 위한 시간들로 꽉 찹니다.

조금 억지스럽다고 느껴지는 부분이 있을지도 모르겠습니다. 하지만 완벽하게 비교하기에는 조금 무리가 있어 보여도 '양육과 가사를 완벽하게 병행하기란 불가능하다'는 사실을 알기엔 충분했을 겁니다.

육아와 가사, 이 두 가지를 한 사람에게 강요하는 상황이 생길 수 있습니다. 지금도 대부분의 여성이 육아를 하며 앞서 말한 삶을 살고 있죠. '무조건적인 희생'을 요구받으면서요. 이렇게 되면 위의 '상황가정'에서 보았듯이 '아내의 삶'은 오래전에 사라져 버립니다. 인간의 기본 욕구도 채우기 힘들죠. 그렇게 잠깐의 여유도 찾을 수 없는 삶에서 오는 '과부하'는 '실수'를 만들어내고, 이런 '실수'는 미안해해야 하는 이유가 돼버립니다.

정리하겠습니다. 내가 늘 미안한 이유는 '실수' 때문이라고 했습니다. 이 실수는 과도한 '가사의 집중'에서 오고, 이는 자녀의 탄생에서 시작됩니다. 그래서 한 생명의 탄생은 소중하지만 계획 없이 마냥 기뻐할 수만은 없는 일이기도 합니다. '육아'라는 새로운 과제 앞에 우리는 동등하게 서야 합니다. 더 이상 '내가 사랑하고 아끼는 한 사람'이 감당하기 벅찬 어려움에 빠져 실수와 미안해하는 일을 반복하지 않기 위해선 육아가 '혼자서 해야 하는 일'이 아닌 '부부가 같이 해야 하는 일'이 되어야 합니다.

육아라고 쓰고
독박이라고 읽는다

우리 아이는 매우 활동적입니다. 집에만 있으면 좀이 쑤셔 못 견디겠는지, 하루에도 몇 번이고 바깥 공기를 마시지 않으면 대성통곡을 합니다. 그래서 아내가 자주 난색을 표했기에 육아휴직을 하기 전에도 밖에 데리고 놀러 나가는 일은 주로 저의 몫이 되었죠.

한편으론 꽤 즐겁고 보람도 있었어요. "좋은 아빠네요"라는 소리를 들을 때면 저절로 기분도 좋아졌고요. 그러나 나들이가 매일같이 반복되니 보통 힘든 게 아니었습니다. 힘에 부치더군요. 놀이터 대신 아이의 시선을 빼앗을 무언가가 필요했습니다. 그래서 찾아낸 것이 바로 '대중교통'입니다. 버스나 지하철은 놀이터와 달리 그저 타기만 해도 좋아하니까 자주 애용했습니다. 그리고 대중교통을 이용할 때마다 매번 빼놓지 않고 들은 이야기가 있습니다.

아이 엄마는 어디 갔어요?

'일하러 갔다' 혹은 '집에서 잠시 쉰다'라고 말씀드리면 돌아오는 대답은 "요즘은 애 키우기 참 쉬워", "우리 때는 남편이 집안일 하면 큰일 나는 줄 알았는데"라는 식이었습니다.

과거에는 실제로 그런 문화가 자리 잡고 있었어요. 가사와 육아는 여성, 바깥일은 남성으로 구분되어 있었죠. 굳이 먼 옛날로 거슬러 올라갈 필요 없이 우리 부모님 세대를 떠올려봐도 알 수 있습니다. 저 역시 기억을 더듬어 부모님을 떠올려보았습니다.

부부싸움을 심하게 한 날이면 어머니는 저와 동생을 데리고 이모님 댁으로 가출(?)을 하시곤 했습니다. 차로 30분 거리에 이모님이 살고 계셔서 어머니의 일탈은 종종 일어났죠. 싸움의 정도에 따라 짧게는 수일 길게는 일주일까지 이모님께 신세를 지다 집으로 돌아가면, 어김없이 펼쳐지는 광경이 있었습니다.

어질러진 집안과 담배꽁초, 싱크대에 수북이 쌓인 설거지더미. 며칠을 라면만 끓여 드셨는지는 그릇 숫자만 세어봐도 알 수 있었습니다. 남은 설거지와 청소는 당연히 어머니의 몫이었어요. 아버지는 손에 물 한 방울 묻히지 않는 옛날 사람이셨으니까요. 그런 분에게 육아는 언감생심. 어린 동생이 울기라도 하면 "왜 애를 울게 만들어!"라고 어머니에게 호통만 치실 뿐, 한 번이라도 정성 어린 손길로 안아주신 적이 없었습니다.

이렇게 보니 우리 부모님 세대에 비해 요즘 아내들은 상대적으로 편하게 생활하는 것 같습니다. 적어도 남편들이 아이와 함께 외출해주기라도 하잖아요. 게다가 외출할 때마다 여러 어르신에게서 "요즘 여자들 참

편해졌어"라는 말을 들으면 남편들 입장에서는 '내가 너무 잘해주는 건가' 하는 생각도 들게 마련입니다. 그런데 여성들은 과거에 비해 정말로 더 편해졌을까요?

육아에서만큼은 훨씬 힘들어졌어요

결론부터 말하면 '여성의 고통은 줄어들지 않았다'는 것입니다. 적어도 육아에서만큼은 더 힘들어졌어요. 만약 남편이 함께하지 않는다면 독박 그 자체입니다. 따라서 육아에서만큼은 물러설 곳이 없으며 남편의 참여가 반드시 필요해요. 왜 그런지 이제부터 설명해보겠습니다.

지금처럼 부모와 자녀, 즉 2대로 구성되는 핵가족화가 되기 전 우리는 대가족을 이루고 살았습니다. 3~4대가 함께하는 것은 물론이고, 여러 형제 심지어 친척까지 거처를 공유했죠. 이것은 무엇을 의미할까요. 바로 가정에서 엄마를 대신해 아이를 돌봐줄 사람이 많음을 뜻합니다.

아이의 할머니, 할아버지, 삼촌, 이모, 고모, 사촌 그리고 손위 형제자매까지……. 적어도 육아에선 기댈 곳이 있었습니다. 내가 바쁘면 대신 아이를 돌봐줄 사람이 늘 있었죠. 그런데 지금은 어떤가요.

부모님은 멀리 계셔 부탁드리기 어렵습니다. 형제도 한둘이라 서로 앞가림만 잘해도 다행이죠. 아이를 봐줄 사람을 구하려고 해도 금전적인 부담이 있고, 한편으론 믿고 맡길 수 있다는 보장도 없어 다소 꺼려지기도 합니다. 이런 이유로 육아면 육아, 가사면 가사 구분 없이 전부 아내 한 사람의 몫이 돼버렸습니다. 바로 독박육아죠.

물론 대가족 생활의 단점을 조목조목 들어가며 이 주장에 반대할 분도 있을 겁니다. '어른 모시기가 쉬운 줄 아느냐, 빨래며 설거지가 얼마나 많이 나오는지 알기는 하는 거냐, 부부 단둘이 사니 편한 소리 한다' 하고 말이죠.

그러나 적어도 지금처럼 육아가 한 명에게 집중되는 현상은 피할 수 있습니다. 잠시도 쉴 틈 없이 하루 24시간 아이와 함께 있지는 않죠. 오죽하면 "집에서 아이 볼래, 나가서 일할래?"라고 물어보면 열 명이면 열 명 모두 나가서 일한다고 대답한다는 우스갯소리가 있을까요.

육아의 어려움을 헤아려볼 때 그리고 독박육아가 초래할 결과를 미루어볼 때 더 이상 이대로는 안 됩니다. 남편이 함께하지 않으면 아내는 혼자예요. 만약 남편이 등을 돌린다면? 아내가 기댈 곳은 없습니다. 그러니 육아만큼은 아내와 꼭 함께해야 합니다.

책대로 안 된다고
자책하지 말아요

앞서 '경험의 부족'에 대해 이야기하며 단편적 경험은 육아에 큰 도움이 되지 않는다고 말씀드렸죠. 그런데 이것을 극복할 방법은 전혀 없을까요? 사실 앞에서 말한 '간접적 경험'을 '직접적 경험'에 근접하게 만들어줄 도구가 있습니다. 바로 '책'이에요.

"좋은 책을 읽는 것은 과거 몇 세기의 가장 훌륭한 사람들과 이야기를 나누는 것과 같다"라고 한 데카르트의 명언처럼, 잘 쓰인 육아책 한 권은 위대한 양육자 한 사람을 만나는 것과 같습니다. 이를 통해 '부족한 경험을 보완'할 수도 있지요.

그래서일까요. 육아를 시작한다고 하면 주변 사람들이 너도나도 책을 추천해줍니다. 저 역시 소개받은 책이 많아요. 몇 권은 선물로 받기도 했습니다. 모두 좋은 내용이었고, 밑줄 그어가며 "꼭 기억해야겠다"라고 다짐한 부분도 꽤 됩니다. 그러나 실제로 육아를 해보니, 이 역시 한계를 지닌다는 사실을 깨달았습니다.

먼저 책 속의 내용은 그 자체로 유익하지만 '문자'라는 도구만을 사용하다 보니 의미 전달에 어려움과 한계가 있습니다. 상황에 따라 글쓴이의 의도가 잘못 전달될 수도 있고요. 작가가 의도한 바와 독자가 받아들이는 바가 다르면 잘못된 해석을 낳게 됩니다.

물론 작가는 독자가 이해하기 쉽게 논리적이고 명쾌하게 글을 써야 합니다. 만약 "나는 이런 의미로 적어 놓았으니, 잘못 받아들인다면 그것은 독자의 잘못입니다"라고 말하는 작가가 있다면 아무도 그가 쓴 책을 읽지 않겠죠. 작가에게는 이처럼 분명한 책임이 있지만, 이런 책임을 넘어 제가 말하고 싶은 바는 다음과 같습니다.

작가는 모든 독자의 상황을 이해하기 어렵고 직접 경험할 수도 없습니다. 따라서 일부는 자신의 경험에 의존해서 쓸 수밖에 없어요. 이렇듯 불가피한 한계는 독자에게 글의 의미를 왜곡하여 전달할 여지를 만듭니다.

가령 '나는 이렇게 아이를 키웠다'라는 주제의 책 내용을 내 아이에게 똑같이 적용해봐도 여러 가지 변수로 인해 반드시 같은 결과가 나오리란 보장은 없습니다. 책에서 소개한 방법대로 교육해도 내 아이는 글대로 따라오지 못할 수도 있죠. 이것은 여러분의 잘못이 아닙니다. 의미 전달의 한계로 인한 어려움을 실감한 제 사례를 소개해드릴게요.

그 '미디엄'이 아니었어요

그날은 유럽여행의 마지막 날이었어요. 여행자들이 늘 그렇듯, 저와 친구들은 마지막 날의 아쉬움을 위로할 무언가를 찾고 있었습니다. 처음 온 유럽여행이었고 다들 주머니 사정이 넉넉지 않았지만, 내일이면 한국으로 돌아가야 하니까 시내에 있는 최고급 레스토랑으로 발걸음을 옮겼습니다.

가보니 과연 여행책자에서 추천할 만한 레스토랑이었어요. 입구에 들어서자 시선을 사로잡는 멋진 샹들리에가 눈에 띄었고 예약된 자리에는 반짝이는 식기들이 가지런히 놓여 있었습니다. 용도를 다 알 수 없는 여러 개의 포크와 나이프는 초보 여행자를 압도하기에 충분했지요. 그러나 시각적 아름다움에 정신을 놓는 것도 잠시, 해외여행에서 끼니때마다 찾아오는 난관인 '주문'을 해야 했습니다.

물론 스테이크를 먹기로 하고 '굽기'를 어느 정도로 할지 미리 정해왔습니다. 저희가 고른 것은 '미디엄'이었어요. 비교적 붉은빛이 적고 소고기의 육질을 살리고자 한 나름 '합리적인 결정'이었습니다.

그러나 잠시 뒤 조리되어 나온 스테이크를 보며 우리는 경악을 금치 못했습니다. 핏물이 줄줄 흐르는 소고기가 접시에 담겨 식탁 위에 올라왔거든요. 여행의 마지막 날을 최악의 기억으로 장식할 요리를 보자, 우리는 누가 먼저랄 것 없이 눈빛으로 의견을 주고받았습니다. 결국 종업원에게 스테이크를 좀 더 구워줄 것을 요청하는 쪽으로 가닥을 잡았죠.

스테이크는 다시 구워져 나왔고 원하던 것보단 '다소 질겼지만' 최소한 '피가 보이는 날고기'를 먹는 일은 피할 수 있었습니다.

그날의 '합리적 결정'은 왜 '의도하지 않은 결과'로 연결되었을까요? 의사소통에 문제가 있었을까요? 완벽한 문장을 구사하지는 못했지만 '미디엄'이라는 단어만큼은 의심의 여지없이 정확하게 전달했습니다. 그렇다면 무엇이 문제였을까요?

그건 바로 여행객들의 초보적인 실수, 즉 '단어나 문장'이 상황에 따라 다른 '의미'를 지닐 수 있다는 점을 간과한 데 있었습니다. 단어가 같으면 뜻이 완벽하게 통할 거라는 착각. 유럽인의 '미디엄'과 한국인의 '미디엄'은 단어만 같을 뿐 다른 의미를 지닐 수 있다는 점을 고려하지 못했던 겁니다.

이런 이유로 저는 책을 '날것의 정보'라고 부릅니다. 아직 나의 상황에 적용하기 전의 지식. 나에게 약이 될 수도 있고 독이 될 수도 있는 이 재료는 나에게 맞게 다시 조리해야 합니다.

육회는 논외로 치고 아무리 좋은 육질의 소고기도 가공하지 않으면 먹기 힘듭니다. 피가 보이게 설익히든 바짝 구워 딱딱해지든 '날것의 고기'를 조리하는 과정이 필요하죠. 있는 그대로 먹으면 탈이 납니다. 나에게 맞게 조리해서 먹어야 하죠.

육아책도 마찬가지입니다. 글자 그대로 받아들이면 탈이 나요. 나의 상황을 염두에 두고 비판적 시선으로 읽어야 합니다. 때에 따라선 나와 맞지 않는 내용도 있을 수 있으니, 그런 내용을 그대로 적용하려다 책대로 못 키웠다고 자책하는 일이 없길 바랍니다. 책 몇 권으로 육아를 잘할 수 있다면 못하는 사람이 없을 테니까요.

아빠육아로 달라지는 것들

육아우울증, 얼마나
위험한지 아시나요

어느 평범한 날이었다. 주말을 이용해 스트레스를 풀기 위해 컴퓨터 게임을 하며 방에 있던 터라, 예고도 없이 찾아온 시끄러운 구급차와 웅성거리는 군중 소리가 귀에 거슬렸다. 참아보려 노력했지만 컴퓨터 게임을 방해하는 소음들이 점점 더 커지자, 짜증과 호기심에 문 밖으로 나왔다. 소리는 저 멀리 베란다 창문으로 들어오고 있었고, 무심코 바라본 창가에는 의자 하나가 덩그러니 놓여 있었다. 순간 엄습해오는 불안감에 혼비백산하여 창밖을 내다본 나는 그 자리에 주저앉았다. 왜 그랬는지 물어보는 사치를 부릴 여유도 없이 '사랑하는 아내와 아이가 나의 곁을 떠났다는 사실'과 마주한 채로.

신문의 한 지면을 떠들썩하게 한 기사를 재구성해봤습니다. 절대 일어나지 말았어야 할 이 사건의 원인은 '우울증'이었죠. 아내는 혼자서는 감당하기 벅찬 가사와 육아로 우울증을 앓고 있었고, 그 결과 극단적 행동을 선택했습니다.

지금까지 다양한 육아의 어려움에 대해 알아보았어요. 그러나 이제부터 꺼낼 이야기에 비하면 지금까지 다룬 어려움은 그 원인 정도에 불과합니다. 다음 주제의 '전주곡'쯤으로 보아도 무방하죠. 문제의 해결법도 '서로 도와야 한다', '이해해야 한다' 수준으로는 턱없이 부족합니다. 지금부터 더는 물러설 곳 없는 '육아우울증'에 관한 이야기를 시작하겠습니다.

육아우울증을 설명하기 위해 먼저 대한민국 우울증의 현실을 짚고 넘어가겠습니다. 서두에 재구성해 살펴본 이야기가 다소 충격적으로 다가왔을지 모르나, 통계로 보았을 때 '우울증으로 인한 자살'은 이미 우리 사회의 전반적인 문제입니다. 2016년 기준 우리나라의 자살인구는 1만 3,092명이고 이 중 80~90%가 우울증으로 인한 것이었습니다. 어림잡아도 한 해 1만 명 이상이 우울증을 겪다 자살로 생을 마감한다는 사실을 알 수 있습니다. 안타깝게도 우리 사회의 자살문제는 어제 오늘 일이 아니지요.

이미 2011년 7월 〈인터내셔널 헤럴드〉에서는 "우울증 때문에 한국에서는 하루 30명 이상이 자살하고 있으나, 정신상담을 기피하며 이에 관한 사회적 인식 또한 여전히 제자리에 머물고 있다"라고 지적했습니다. 이러한 경고에도 불구하고 우울증 관련 통계는 크게 나아지지 않았죠. 게다가 더 우려되는 문제는 우리 사회에서 우울증이 '치료'보다는 '개인의 정신력' 문제로 치부되는 현상입니다.

우울증은 왜 정신력 문제로 치부될까요

왜 우울증에 관한 우리의 인식은 개인적 문제, 즉 애매하기 짝이 없는 '정신력'의 범주에 머무를까요? 우울증은 과연 정신력이 약한 사람만 걸리고, 강한 사람은 이겨낼 수 있는 것일까요?

이 문제에 대한 답을 찾아야만 우울증을 사회적 인식의 범위에 포함할 수 있기에, 여기서 반드시 짚고 넘어가려고 합니다. 이제부터 우울증의 명명법부터 시작해서 그 인식의 문제를 함께 살펴보도록 하죠.

우울증은 왜 우울증으로 불리는가?

이 문제에 대해서는 여러 가지 주장이 있을 수 있지만, 저는 보다 근본적 원인을 밝히고자 합니다. 바로 '우울증은 왜 우울증으로 불리는가?'에 관한 문제입니다. 마치 '커피는 왜 커피로 불리는가?'와도 같은 질문입니다. 그러나 우리가 우울증이라고 의심 없이 부르는 이 명명법이 조금 이상하다는 사실은 금방 알 수 있습니다.

영어로 우울증은 'Depression'입니다. 명사로서 '우울'로 번역할 수 있죠. 그 어디에도 증상을 나타내는 '증'이라는 말은 없습니다. 'Cold'는 '감기'이고 '감기'는 'Cold'인데 'Depression'은 '우울증'으로 번역됩니다. 하지만 '우울증'은 엄밀히 말하면 'Depression'이 아닙니다. 증상을 뜻하는 'symptom'이 합쳐진 'symptom of Depression'이 되어야 정확한 표현이 되죠. 이쯤 되니 확실히 우울증이란 단어에 '증'이 왜 들어갔을까 하는 의문이 생깁니다.

물론 이유가 없는 것은 아닙니다. 현대의학에서 근본적 원인은 밝혀지지 않았어도 증상만은 확실히 존재할 때 임시로 '증'이라는 접미어를 붙이기 때문이죠. 우울증도 증상은 있지만 명확한 원인을 찾기 어려워서 '증'이라는 접미어를 붙인 것입니다.

증상이 확실하니 우울에 '증'을 붙였다는 이야기인데, 그 이유를 떠나서 '우울'에 '증'이 붙으면 어떤 의미가 되는지 확인해야 확실할 것 같습니다. 사전에는 우울증이 '우울한 증세', '울증'이라고 나옵니다. '기분이 언짢아 명랑하지 아니한 심리상태'를 의미하며 딱히 '치료'나 '병'이라는 의미를 가지고 있지는 않다는 느낌을 줍니다.

지금까지 살펴본 결과, 단순히 접미어 '증'이 붙어 치료를 요하거나 병이라는 의미가 강하지 않음은 알 수 있었지만 아직 '우울증은 개인의 정신력으로 극복 가능한 것으로 인식되고 있다'라고 단정 짓기엔 조금 근거가 부족한 듯 보입니다. "정말 '증'이 붙었다고 해서 우울증을 '개인의 문제'로 치부한단 말이야?"라는 의문이 완전히 가시지 않습니다. 이런 의구심을 해결하기 위해 우울증과 같이 '증'으로 불리는 '고소공포증'을 예로 들어보겠습니다.

우울증 대신 우울병이라고 부르면 나아질까요

몇 해 전 '무한도전'이라는 TV 프로그램에서 글라이더를 소재로 하와이에서 촬영을 했습니다. 출연자 유재석 씨는 여기서 다음 주자인 노홍철 씨를 탑승시키기 위해 대단한 도전을 감행하죠. 게임의 룰은 다음과 같습니다.

아빠육아로 달라지는 것들

먼저 유재석 씨가 글라이더에 탑승합니다. 비행을 무사히 마치고 내려오는 것은 물론이고, 비행을 하며 150달러를 세는 미션을 해야 했죠. 모두가 그의 성공을 의심했습니다.

유재석 씨가 평소 '고소공포증'을 가지고 있었기 때문입니다. 이런 그에게 이 미션은 어쩌면 사상 최악이었을지도 모릅니다. 포기한다고 해도 아무도 뭐라고 하지 않았을 거예요. 그러나 유재석 씨는 베테랑 방송인답게 주어진 미션을 완수했습니다.

글라이더 탑승을 마치고 다리에 힘이 풀릴 만큼 긴장한 그가 글라이더에서 내렸을 때 사람들은 '강인한 정신력으로 고소공포증을 극복'한 것을 자랑스럽게 여겼고, 이는 방송을 통해 시청자에게 그대로 전달되었습니다. 이런 평가에 사람들은 전혀 문제를 제기하지 않았으며, 인터넷에는 유재석 씨의 정신력을 칭찬하는 글이 속속 올라왔습니다.

그런데 만약 유재석 씨의 '고소공포증'이 '고소공포병'이었다면 어땠을까요? '무한도전 하와이 편이 기획되었을까?'라는 의문부터 듭니다. 그랬다면 무한도전팀이 하와이에 갔더라도 글라이더 탑승은 고려사항이 아니었을 거예요. '환자에게 무리한 요구를 강요하는 프로그램'이라는 오명을 쓰기는 싫었을 테니까요.

여기까지 이야기하니 증상을 나타내는 '증'이라는 접미어가 본질을 흐리고 있다는 생각이 듭니다. "차라리 인식의 전환을 위해 '우울증'이라고 하지 말고 '우울병'이라고 합시다!"라고 말하는 사람이 있을지도 모르겠군요. 그 의견대로 익숙하지는 않지만 '정신력의 문제가 아닌, 치료의 측면을 강조'하기 위해 이제부터 '우울증'이라는 말을 쓰지 말고 '우울병'이라고 한다면 어떨까요? 우울증보다는 좀 더 '치료받아야 한다는 느낌'이 듭니다. 최소한 의사에게 상담을 받아야 하는 문제로 여겨질 것 같아요.

그러나 이미 사회에서 암묵적인 약속이 된 사안을 뒤집는 것은 쉬운 일이 아닙니다. '발병 원인의 불명확'이라는 문제는 제쳐 두더라도 다음과 같은 논쟁의 여지가 남아 있으니까요.

우선 사람들의 반발을 사기 쉽습니다. 인간의 감정은 상황에 따라 자연스럽게 나오고, 때로는 어떤 상황을 해결하기 위해 우울한 감정이 필요하기도 합니다. 그런데 그럴 때마다 우울병이라고 한다면 오히려 그 심각성이 감소될 여지가 있겠지요.

그리고 결정적으로 '병'이라는 말을 쓴다고 해도 확실한 변화가 생길 것 같지는 않습니다. 지금보다는 인식의 변화를 이끌어낼 수 있을지 몰라도 '상사병', '화병'의 예에서 볼 수 있듯이, '병'이라는 말을 쓴다고 해서 반드시 병원에서 해결할 문제라는 논리로 이어지지는 않기 때문이죠.

정리해보겠습니다. 우울증은 우리 사회의 큰 문제인 것이 사실이지만 우리 인식에서는 단순히 개인의 문제로 치부하는 실정이며 그 원인이 '증'이란 단어의 영향일 수 있다는 점을 살펴보았습니다. 그러나 인식을 전환하기 위해 이미 사회적으로 약속된 '증'이란 단어를 바꾸기는 매우 어렵고, 만약 바꾼다 하더라도 인식의 문제를 완벽하게 해결할 수 있다고 장담할 수는 없습니다. 확실히 쉽지 않은 문제입니다.

그래서 이 문제를 해결하기 위해 다른 방법의 접근을 제안합니다. '우울증'을 '우울병'으로 바꾸는 식의 접근은 아니니 안심하세요. 우리가 흔히 우울증을 비유할 때 쓰는 '마음의 감기'에서 해결의 실마리를 찾아보겠습니다.

감기도 오래되면 위험해져요

우울증의 다른 이름인 '마음의 감기'를 통해 인식의 전환을 이룰 수 있다고 했는데 좀 이상합니다.

우울증으로 발생하는 결과가 생각 이상으로 심각하다고 말해놓고 이제 와서 감기라니. 적절한 비유가 아닌 것 같네요. 그러나 시중에 나와 있는 대부분의 우울증 관련 서적에 "우울증은 마음의 감기입니다"라는 말이 빠지지 않고 등장하는 것을 보면, 이 주장이 '억지논리'는 아니란 생각도 듭니다. 그렇다면 먼저 여러분의 궁금증을 풀기 위해 우울증을 왜 '마음의 감기'라고 하는지부터 이야기하겠습니다.

감기는 때때로 우리가 인지하지 못하는 사이에 지나가기도 하고, 굳이 병원에 가지 않고 약국에서 판매되는 약으로 해결할 때도 많습니다. 약을 먹으면 7일, 안 먹으면 일주일이라는 농담을 할 정도로 가볍게 여기며, 겨울이 되면 으레 한두 번은 걸리는 것이려니 하고 넘어가죠. 누구나 쉽게 걸리고 저마다 해결하는 방법을 가지고 있을 만큼 흔한 감기의 이러한 특징은 우울증과 매우 흡사합니다.

우울증의 기본 증상인 '우울한 감정'은 사람의 마음속에서 수없이 생기고 사라지기를 반복합니다. 계절을 타기도 하고 특정한 상황에서 나타나기도 하죠. 누구나 울적한 기분이 들 때 '기분전환'을 위한 자신만의 방법이 하나쯤은 있을 정도로 이러한 감정은 매우 자연스러운 인간의 속성입니다.

그래서일까요. 사람들이 우울증을 대하는 태도는 감기를 대할 때와 비슷합니다. 흔히 주변에서 누군가에게 "지금 우울증을 앓고 있어"라고 말하면 "운동을 해봐", "좀 쉬어", "정신력으로 극복할 수 있을 거야", "우리 때는 힘들어서 그런 생각은 할 틈도 없었는데", "너무 편해서 그런 거 아니야?" 등등의 반응을 쉽게 들을 수 있죠. 정리하면 '조금 쉬면서 마음을 다잡으면, 우울증은 정신력으로 극복할 수 있다'로 요약됩니다. 실제로 감기처럼 너무 흔해 별생각 없이 지나치기도 하고, 시간이 지나면 자연스레 해결되는 경우도 있다 보니 '정말 그냥 별 생각 없이 받아들여야 하나'라는 고민이 생깁니다.

아무래도 '우울증은 마음의 감기'라는 표현은 그다지 적합하지 않다는 생각이 드네요. 우울증을 '단순한 감기 정도로 생각할 여지'를 남긴다는 점에서 조금 우려스럽기도 하고요. 그러나 진짜로 하고 싶은 이야기는 지금부터입니다.

우리가 흔히 생각하는 감기는 앞에서 언급한 것처럼 나도 모르게 지나가기도 합니다. 그러나 때에 따라 '적절히 치료하지 못해' 증상이 오래 지속되면 '폐렴'으로 진행되기도 합니다. 단순한 감기라면 증상을 완화하는 수준에서 해결할 수 있지만, 제대로 치료하지 않거나 시기를 놓쳐 폐렴으로 가면 상황은 완전히 달라집니다. 그때부터는 단순한 감기가 아니라 자칫 잘못하면 소중한 생명을 앗아갈 수 있는 중병이 되니까요. 우울증 역시 마찬가지입니다.

단순히 감기처럼 조금 쉬면 나아질 수도 있지만 '우울한 감정'이 오래 지속되고 심각해지면 사태는 걷잡을 수 없이 커집니다. 감기가 폐렴이 되듯, 우울한 증상도 오래 지속되면 집중치료가 필요한 단계로 발전해요.

따라서 우울한 감정의 '지속 정도'에 따라 적절한 진단이 필요합니다.

우울증 진단법

이쯤에서 냉철한 독자는 다음과 같은 의문을 가질 거예요. "오래 지속된다는 건 너무 추상적이에요. 구체적으로 얼마 동안 지속된다는 건가요?" 라고 말이죠. 여기에 그 대답이 있습니다.

다음은 고려대 안암병원 우울증 센터 이민수 소장의 저서 《우울증 119》에서 소개하는 우울증 진단법입니다. 다음 증상 중 5가지 이상이 2주 이상 지속된다면 상담 및 치료가 필요할 수 있어요.

1. 우울감
2. 흥미나 즐거움이 줄어듦
3. 체중의 변화
4. 불면이나 과수면
5. 정신성 운동 지체 또는 심한 불안
6. 피로감을 느끼거나 활력 상실
7. 무가치함, 죄책감
8. 주의력 집중장애
9. 자살에 대한 반복적 생각

중국 속담에 '문제 삼지 않으면 아무 문제가 없는데, 문제 삼으니까 문제가 된다'라는 말이 있습니다. "문제로 생각하지 않아도 될 것을 군이 왜 문제 삼느냐?"라고 비꼴 때 쓰는 말입니다. 지금까지 우울증에 대한 인식은 이와 같았습니다. 문제로 삼는 것 자체를 문제시해왔죠.

그러나 '우울증에 관한 왜곡된 인식'을 문제 삼지 않은 결과로 얻은 대가는 너무나 컸습니다. 더는 지체할 시간이 없어요. 더 늦기 전에 우리의 문제인 우울증을 진정으로 마주해야 합니다.

지금까지의 글을 통해 우울증을 가벼이 여겨서는 안 되며, 상황에 따라 적절한 대처가 필요하다는 점에 대해서는 공감대가 형성되었으리라 봅니다. 이 정도로 우울증에 관한 개요를 마치고, 정말 하고 싶은 이야기를 꺼내겠습니다. 육아우울증으로 고통받는 아내의 이야기를요.

육아우울증, 경각심을 가져야 대처도 하죠

한때 의학드라마에 푹 빠져 지낸 적이 있습니다. 다소 괴짜인 주인공이 천재적인 의술로 사람을 살리는 모습에 매료되었죠. 이런 의학드라마에 빠지지 않고 등장하는 것이 있습니다. 바로 제세동기예요.

심장이 멎은 환자 위로 의사가 뛰어 올라갑니다. 의사는 몇 번 심장마사지를 한 뒤 환자의 가슴에 반짝이는 금속으로 된 두 개의 판을 가져다 댑니다. 그러고 나서 다급하게 'clear'를 외치면 '삐' 하는 소리와 함께 환자의 가슴이 높이 들립니다. 이때 사용하는 의료기구가 바로 제세동기입니다. 멈춘 심장을 다시 움직이게 해 뇌로 혈액을 공급하는 데 기여하죠. 그러나 이 멋진 장면에는 알고 보면 꽤 위험한 부분이 있습니다.

제세동기가 작동할 때 최대 출력 전압은 5,000v입니다. 가정용 전류가 220v란 점을 감안하면 상상할 수도 없이 높은 수치죠. 물론 자극 시간이 지극히 짧은 건 사실이지만, 제세동기로 전기자극을 가할 땐 시술자가 환자와 반드시 떨어져야 할 만큼 주의를 요합니다. 그만큼 위험한 물건이죠.

이런 위험을 감수하면서까지 환자에게 전기자극을 가하는 것은 심장을 다시 뛰게 하기 위해서입니다. 위험이 큰 만큼 생명을 살리는 귀중한 결과를 얻을 수 있죠. 여기에서 힌트를 얻어 꽤나 어색하지만 우리에게 꼭 필요한 이야기를 하려고 합니다. 다음의 말은 여러분에게 어떻게 다가오나요?

'육아우울증'은 '메르스'만큼 위험하다

무척이나 선정적인 문구임이 분명합니다. 이 정도 제목이라면 육아우울증에 대한 경각심을 불러일으킬 수 있을까요? 만약 조금이라도 더 많은 관심을 돌릴 수 있다면, 저는 이보다 더한 표현도 쓸 각오가 되어 있습니다.

한편, 메르스란 말을 듣자마자 '이건 말도 안 되는 비교'라고 생각할지도 모르겠습니다. 저 역시 괜히 잘못 건드렸다간 낭패를 보기 십상이라는 걱정도 들어요. 그러나 꽤나 모험적이고 어려운 이 작업에 한번 도전해보려 합니다.

지금부터 '육아우울증의 위험성'을 알리고자 여러분에게 '충격' 요법을 사용하겠습니다. 메르스에 비교하면서 말이죠. 다만 이 충격은 너무 세면 위험하고 약하면 효과가 없을 수도 있어 아주 어렵고 주의를 요하는 작업이지만, 여러분에게 긍정적 효과가 있으리라 장담합니다. 그럼 이제 시작해볼게요.

2015년 5월 20일 첫 확진환자의 발생으로 처음 언급된 '메르스'를 떠올려보세요. 당시 거리에서는 전 국민이 때아닌 '마스크'를 착용하고 다니는 모습을 흔하게 볼 수 있었고, 사람 간의 전염을 두려워한 나머지 평소 붐비던 도심도 한산했습니다.

세계보건기구(WHO)가 2015년 12월 24일 00시를 기준으로 메르스의 종식을 선언할 때까지 우리나라에서만 186명이 확진을 받아 38명이 사망했고, 20.4%에 달하는 치명률은 전 국민을 불안에 떨게 하기 충분했죠. 그런데 이런 무서운 질병과 육아우울증은 치명률에서 유의미한 수치를 공유합니다.

육아우울증의 시작이라고 볼 수 있는 '산후우울증'을 예로 들어 비교해보죠. 미국국립보건원(NIH)에서 보고한 자료에 따르면 출산 후 60%가량이 산후우울증(Baby blues)을 겪습니다. 이 중 15%가 치료가 필요한 우울증으로 전이되며, 이는 산모 100명당 9명의 비율입니다.

여기서 우울증이 극단적인 결과로 나타났을 때의 치명률을 알기 위해 '자살'과 연결되는 통계자료를 대입해보겠습니다. 우울증에 걸린 사람 중 3분의 2는 자살을 생각하며, 그중 10~15%가 실제로 자살을 시도합니다.

산후우울증에서 치료가 필요한 우울증으로 전이되는 비율인 9명의 2/3는 6명이고 그중 15%는 약 1명이 되겠죠. 다시 말해 '100명당 1명의 비율로 자살을 시도한다'는 결론을 산출해낼 수 있습니다.

육아우울증을 메르스와 비교하는 이유

한편, 여기까지 끈기 있게 읽었지만 결과 값을 보니 무슨 생각으로 메르스와 육아우울증을 비교하기 시작했는지 의문이 듭니다. 물론 100명 중 1명이라는 수치는 분명 위험하지만 위험도가 20배가 넘는 메르스와 비교하다니, 쉽게 납득이 가지 않을 겁니다. 여기서 메르스의 치명률을 좀 더 자세히 살펴볼 필요가 있습니다.

실제로 메르스 관련 사망자는 대부분 안타깝게도 지병이 있던 고위험군에서 발생했습니다. 연세 많은 노인들이 메르스로 가장 많은 피해를 입었으며, 면역력 저하가 일어나지 않은 50세 미만 집단의 사망률은 비교적 적었죠.

그러므로 정확한 비교를 위해 가임기간을 15~40세로 설정하고 이에 해당하는 사람들을 비교해보겠습니다. 메르스의 경우 해당 나이대 감염자는 총 69명이었고 그중 사망자는 2명이었습니다. 비율로 보면 약 100명당 2.8명의 사망률입니다.

연령층을 맞춰 비교하니 육아우울증의 100명당 1명의 비율과 약 3배 차이로 좁혀졌습니다. 우울증으로 인한 극단적 시도 자체만으로도 충분히 위험한 상황에 직면했다고 본다면, '육아우울증의 위험도'에 관한 여러분의 견해도 많이 달라질 것입니다.

제 논리 전개가 단순한 '숫자놀이'에 불과하다고 말하는 분도 있을 겁니다. 역학조사의 한계를 지적할 수도 있고, 다른 요인을 배제한 채 통계에만 의존하는 것에 불만을 품는 분도 있겠죠.

그러나 메르스와 육아우울증, 이 두 가지 모두 위험한 것은 사실입니다. 암 중에서 사망률이 가장 높은 폐암 사망률도 인구 10만 명당 40명이 채 되지 않는 것에 비하면 엄청난 수치니까요. 그런데 이에 대한 대처는 사뭇 다릅니다.

메르스의 경우는 국민적 관심 속에 범정부 대책이 수립되었습니다. 암만 해도 수많은 보험 상품이 나와 있고, 많은 사람이 생활 속에서 그 위험성을 피부로 느끼고 있죠. 하지만 육아우울증은 여전히 수면 아래에 남아 있습니다.

육아우울증에 대한 인식의 전환을 위해 우울증의 '증'에 관해서도 이야기하고 '마음의 감기'로도 설명했습니다. 공감을 얻기 위해 제가 겪은 육아우울증 경험도 소개했고요. 반복해서 이야기하지만, 그간 우울증을 문제로 인식하지 않은 탓에 결국 문제가 되었을 때는 후회해도 돌이킬 수 없는 결과를 낳을지도 모릅니다. 그러니 더 이상 육아우울증을 남의 이야기하듯 하지 말았으면 합니다. 이는 우리의 이야기인 동시에 나의 이야기가 될 수도 있습니다. 출산과 육아로 인해 생기는 우울한 감정을 무시해서는 안 되며 세심한 배려와 관심이 필요합니다. 따듯한 한마디가 '소중한 가정'을 지킬 수 있습니다. 더 이상 지체할 이유가 없죠. 늦기 전에 지금 당장 실천으로 옮기세요.

출산 후, 내가 받는 혜택

1. 임신 출산 관련 진료비 지원

임신이 확인된 임산부에게 임신과 출산에 필요한 의료비 일부를 지원하는 서비스다. 병원에서 임신확인서를 발급받아 카드사에 제출하면 '국민행복카드'를 만들 수 있다. 기본 60만 원 (다둥이 100만 원)을 이용 가능하다.

2. 산모·신생아 건강관리

산모 및 신생아의 건강관리를 위한 가정방문 서비스다. 출산예정일 40일 전부터 출산 후 30일까지 신청 가능하며, 마지막 사용일이 출산 후 60일 이내여야 한다. 납부하는 건강보험료에 따라 자기부담금이 발생될 수 있으며, 국민행복카드로 결제한다.

3. 아동수당

건강한 성장환경을 조성하고 이를 통해 기본적 권리와 복지증진을 위해 만 7세 미만 아동에게 월 10만 원씩 지급한다. 단, 출생 후 60일 이내 신청분에 한해 소급되며, 이후 신청 건은 신청일 기준으로 지급한다.

4. 가정양육수당

만 0~6세 아동(초등학교 취학년도 2월까지)에게 지원되는 혜택이다. 12개월까지는 20만 원, 24개월까지는 15만 원, 이후부터는 10만원씩 지급한다. 단, 출산 후 60일 이내 신청분에 한해 소급되며, 이후 신청 건은 신청일 기준으로 지급한다.

5. 시간제 보육 제도

가정양육수당을 지원받는 6~36개월 미만의 영아는 지정된 기관(어린이집 또는 육아종합지원센터)에서 월 80시간 이내에서 소정의 금액(1000원/시간)을 부담하고 보육서비스를 이용할 수 있다. 예약 및 신청은 임신육아종합포털(www.childcare.go.kr) 또는 전화(1661-9361)로 가능하다.

6. 아이 돌봄 서비스

돌봄이 필요한 가정에 1:1로 아이돌보미가 찾아오는 서비스로 야간/공휴일 상관없이 원하는 시간에 필요한 만큼 이용할 수 있다. 필요에 따라 '종일제' 혹은 '시간제'를 선택 가능하다.

'시간제 서비스'는 생후 3개월부터 만 12세 이하 아동에게 지원되며, '연 480시간' 한도로 이용 가능하다. 놀이 활동, 식사 및 간식, 등·하원 등의 서비스가 포함된다. '종일제 서비스'는 생후 3개월부터 36개월 이하의 영아가 이용할 수 있으며, 월 120시간에서 최대 200시간을 지원한다. 서비스에는 이유식/목욕/기저귀 갈기/젖병 소독 등이 포함된다. 신청 최소시간은 시간제 2시간/종일제 4시간이며, 가구별 소득유형에 따라 정부지원금이 달라진다. 주민센터 또는 아이돌봄서비스 홈페이지(www.idolbom.go.kr) 또는 복지로 홈페이지(www.bokjiro.go.kr)에서 신청 가능하다.

7. 저소득층 기저귀 지원 서비스

0~24개월의 영아가 있는 저소득층 가정에 육아 필수재인 기저귀를 지원함으로써 경제적 부담 경감 및 아이 낳기 좋은 환경 조성을 위해 운영하는 서비스다. 월 6만 4,000원 한도로 지급되며, 국민행복카드로 결제한다. 양육수당과 마찬가지로 출생일로부터 60일 이내 신청하는 경우에 소급 적용하며, 이후 신청 건은 신청일 기준으로 지원한다.

아빠육아로 달라지는 것들

8. 행복출산 원스톱 시스템

정부 및 지자체에서 지원하는 출산 관련 복지혜택을 간편하게 신청할 수 있는 제도다.

• 정부지원: 양육수당, 출산가구 전기료 경감, 해산급여, 여성장애인 출산비용 지원, 다자녀 전기, 도시가스, 지역난방비 경감

• 지자체 지원: 시도 출산지원금, 시군구 출산지원금, 출산용품, 다자녀출산 축하, 다자녀 가족사랑카드, 다자녀 차량용 스티커, 유축기 대여, 산모 모유수유 교실, 5-TOUCH 등(단, 지자체별로 지원 서비스가 다를 수 있음)

부부가
함께 나누는
평등한 〰〰〰〰〰〰
육아계획

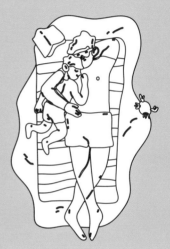

¶

제 책이 문제작이 된다면 아마 이 장 때문일 겁니다. 제가 가장 민감하다고 생각하는 문제들을 다루기 때문이죠. 누군가의 원성을 사게 될지도 모르고, 앞으로 출근을 어떻게 해야 할지 막막하기도 합니다. 그러나 반드시 짚고 넘어가야 할 내용이란 데는 의심의 여지가 없어요. 그동안 아내들은 누가 해도 힘든 '육아와 가사'를 묵묵히 해왔으니까요.

우리는 지금까지 육아가 힘든 이유를 살펴보았습니다. 누가 잘못해서도 아니고 유난해서도 아니에요. 원래 그렇게 힘들 수밖에 없는 게 육아입니다. 알기 전에야 그러려니 하고 넘어갈 수도 있겠지만 지금은 그러면 안 되겠지요.

이제는 변해야 할 때입니다. 원칙을 정하고 계획을 해야 할 시점이에요. 이렇게 말하면 조금 의아해할 수도 있을 겁니다. 육아란 것이 준비도 안 될뿐더러 불완전한 것들의 연속이라고 해놓고는 무슨 원칙을 정하고 계획을 하란 건가 하고요.

지금까지 한 말을 부정할 생각은 없습니다. 육아란 계획하기 어렵고 예측 불가능한 영역이 맞습니다. 그래서 우리는 '기존과는 전혀 다른 계획'을 세워야 합니다. 나만의 계획이 아닌 우리의 계획을 말이죠.

여기서 제시하고자 하는 해답은 바로 이것입니다. 저는 여성들이 원더우먼이 되기를 바라지 않아요. 모든 걸 완벽하게 해내는 것은 불가능하니까요. 혼자 한다면 끝없는 희생만이 따르는 고난의 길이 될 게 뻔합니다. 그러나 부부가 함께 육아한다면, 달라질 수 있습니다.

저는 '육아는 도와주는 것이 아닌 함께하는 것'이라고 말하고 싶습니다. 아내만 할 일이 아니라 부부가 함께해야 한다고요. 또한 엄마와 아빠 그리고 아이가 행복해지길 바라는 이들에게는 '함께하는 육아'가 그 답이 될 것입니다.

서로를 이해하는 최고의 부부가 되길 원한다면 그리고 진정한 인생의 동반자를 만들어 가길 바란다면 지금부터 소개할 '부부가 함께하는 육아'에 귀 기울여주시길 바랍니다.

아빠육아로 달라지는 것들

부부가 함께
육아하는 오늘

우리는 단순히 아이만 돌보는 게 아니라 식사 준비도 하고, 집안 살림도 정리해야 합니다. 빨래며 설거지는 해도 해도 그때뿐 늘 다시 쌓이기 일 쑤고, 더우나 추우나 시장에서 반찬거리를 사는 것도 우리 몫입니다. 쉽게 말해 밖에서 돈 벌어오는 일을 제외한 모든 것을 해야 하죠. 그중에서도 가장 힘든 건 누가 뭐라고 해도 육아입니다. 지금까지 계속 그 이야기를 해왔으니 다시 강조하기도 새삼스럽네요.

결론부터 말하면, 우리의 육아 시간을 분배해야 합니다. 일과를 마치고 돌아와 같이 식사하고 뒷정리를 마쳤다면, 이제 온 가족이 잠들기 전까지는 육아를 분담해야 해요. 조금 더 자세하게 설명해볼까요?

아이들은 보통 자는 시간이 정해져 있어요. 우리나라 아이들이 평균적으로 잠자리에 드는 시간은 오후 9시에서 10시 사이입니다. 우선 10시라고 가정하고 7시까지 부부가 식사를 마친다고 할 때, 남은 시간은 3시간이죠. 저는 이 시간을 명확하게 반으로 나누는 것을 제안합니다. 1

시간 30분씩이요.

여기에는 조금의 망설임도 없어야 합니다. 정확함이 필요할 뿐입니다. 한편으로 이렇게 생각할 수도 있습니다. 아이는 아내가 잘 돌보니 남편은 집안일을 도와주면 안 되느냐고 말이죠. 매우 능률적이고 효과적인 말처럼 들립니다. 실제로 그렇게 분배하면 잡음 없이 육아와 집안일을 동시에 할 수 있으니까요. 그러나 저는 이 주장에 반대합니다. 남편도 육아에 참여해야 해요. 아이를 돌봐야 합니다.

'백문이 불여일견'이란 격언을 귀에 못이 박히도록 들어봤을 겁니다. 한 번 보는 게 100번 듣는 것보다 낫다는 뜻이죠. 그리고 이 격언만큼 육아에 잘 적용되는 말은 없습니다. 직접 해보면 확실하게 느낄 수 있죠.

아이가 울면 어쩌나, 행여나 위급한 일이 생기지는 않을까 하는 불안감이 들더라도 부부가 육아를 함께하세요. 육아가 무엇인지 체험하며 느껴보는 것은 매우 중요합니다. 특히 육아만큼 디테일이 요구되는 분야도 드물기 때문에 직접 해보는 것이 필요하죠. 갑자기 육아에 얼토당토않은 디테일 타령이냐고 생각할 분이 있을까 봐 다음의 설명을 준비했습니다.

육아의 본질은 '디테일'에 있다

처음으로 아이 분유를 준비하던 때를 기억하시나요? 해보지 않은 사람들은 단순히 '분유병에 물을 넣고 분유를 넣은 뒤 뚜껑을 닫고 잘 섞으면 끝나는 것 아닌가' 하고 생각할지 모르지만, 막상 하려고 들면 처음부터 막막합니다. 어떤 분유를 선택할지에 대한 고민부터 해야 하지만, 이미 집에 분유가 준비되었다는 전제하에 설명해도 충분하니 바로 시작해보죠.

먼저 소독기에서 젖병을 꺼냅니다. 어깨 너머 대략 봐둔 위치에서 젖병의 나머지 부분을 꺼내 식탁 위에 두었지만 젖꼭지와 뚜껑을 연결하는 일부터 쉽지 않네요. 조금만 힘을 세게 주어도 그대로 통과해서 쑥 빠져버리니까요.

물 끓이는 건 또 어떤가요. 사실 요즘 시중에 판매되는 전기포트는 온도 설정이 가능해 예전만큼 어렵지는 않습니다. 그러나 정확히 온도를 맞춰주지는 않아서 바로 분유 물로 쓰기는 애매하죠. 미리 적당히 식혀둔 물이 있다면 다행이지만 또 얼마나 섞어야 하는지도 가늠이 되지 않습니다.

어떻게 물 온도는 맞췄는데 분유는 몇 숟가락이 정량인지 헷갈리네요. 심지어 분유통에서 스틱으로 퍼낸 분유를 그대로 넣어야 맞는지, 평평하게 깎은 뒤 넣어야 맞는지도 고민이 됩니다.

애써 분유를 탔다고 해도 아이는 자세가 조금이라도 불편하거나, 물온도가 약간만 안 맞아도 잘 먹지 않죠. 애초에 배고파서 운 게 아닐 수도 있고, 아파서 울었을 수도 있습니다. 혹 까다롭게 굴지 않고 분유를 잘 먹더라도 걱정은 여기서 끝이 아닙니다.

분유를 다 먹인 뒤 트림은 어떻게 시키는지, 행여 애써 먹인 분유를 게워 내기라도 한다면 어떻게 대처해야 할지 난감합니다. 게다가 평소 익숙하지 않은 자세로 안고 있던 탓에 어깨가 결리고 허리도 뻐근합니다. 아이를 안은 두 팔은 긴장해서인지 부들부들 떨리기까지 하죠. 분유를 다 먹은 아이가 기분 좋게 잠들면 이제 다음에 먹을 분유를 준비할 시간이에요.

분유를 새로 타려면 끓인 물을 준비하고 젖병을 씻어야 합니다. 세척 솔로 분유병 구석구석을 닦아보지만, 꼭 분유병 한 구석엔 분유 덩어리가 굳은 채로 남아 있습니다. 뜨거운 물을 넣어 닦는 요령을 터득한 건 나중 일입니다.

이제 설거지한 젖병을 소독기에 넣으면 되는데 문제가 생겼어요. 분유병을 세워 넣어야 하는지 아니면 뒤집어 넣어야 하는지 헷갈립니다. 이런, 꼭지와 뚜껑을 분리하지 않고 설거지해서 이물질이 그대로 남아 있네요. 다시 설거지를 하기 위해 고무장갑을 낍니다. 이런저런 난관에 부딪히다 보니 분유를 먹이기 시작한 뒤로 한 시간이 훌쩍 지나기 일쑤죠. 이런 과정은 하루에도 몇 번씩이나 반복됩니다.

뜨거운 분유 물에 손을 데어 가며 얻는 이와 같은 '디테일'은 육아의 본질 중 하나입니다. 단순히 누가 맞춰둔 적당한 온도의 물에 알맞은 용량의 분유를 넣어서 먹이는 것만으로는 알 수 없죠. 앞뒤 과정이 생략되었기 때문입니다. 그래서 전 이렇게 주장합니다.

육아의 모든 부분을 온전히, 조금의 가감도 없이 경험할 수 있도록 정확히 시간을 나누어 육아를 해야 한다고 말입니다. 당연히 실수가 나올 겁니다. 처음에는 힘들어 포기하고 싶다는 말이 나올지도 모르고요. 그러나 조금 늦었지만, 당연히 우리가 같이 해야 할 일이기에 이제부터라도 제자리로 돌려놓아야 합니다. 여기에는 상대방에 대한 이해의 폭이 넓어지는 효과가 부수적으로 따라옵니다.

아빠육아로 달라지는 것들

완전한 육아휴가를 가세요

학창 시절에 도덕 선생님께 들은 이야기를 잠깐 해볼까 합니다. 별로 대단한 이야기는 아니니 가볍게 들어주세요.

어느 날 작은 마을에 서커스단이 찾아왔습니다. 마을 한구석 공터에 짐을 풀고 공연을 준비하는 모습을 유심히 지켜보던 한 남자가 이상한 모습을 발견했습니다. 한눈에 보기에도 집채만 한 코끼리가 어린아이 손목 굵기의 말뚝에 묶여 있는 모습을 말이죠. 조금만 힘을 준다면 쉽게 빠질 것 같은데 이상하게도 코끼리는 도망칠 생각을 하지 않았습니다. 시도조차 하지 않았죠.

의아해하던 남자가 옆에 있던 서커스 단원에게 물었습니다. 코끼리를 저렇게 가느다란 말뚝으로 묶어두어도 되느냐고요. 그러자 나이가 지긋한 단원이 대답했습니다.

"이 코끼리는 아주 어릴 때 우리 서커스단에 들어왔습니다. 태어난 지 얼마 되지 않았을 때였죠. 어찌나 발버둥을 치던지 한동안 꽤나 애를 먹었습니다. 그런데 저 말뚝이 보이십니까. 저 말뚝은 그때 어린 코끼리를 묶어 두었던 말뚝이에요. 저 말뚝에 묶자 아무리 노력해도 벗어날 수 없다는 걸 깨달았는지, 어느 순간부터 코끼리가 탈출을 포기하지 뭡니까. 지금은 꽤나 덩치가 커졌지만 여전히 예전의 기억 때문에 저 말뚝을 뽑으려는 시도조차 하지 않아요. 뭐, 마음만 먹으면 충분히 자유로워질 수 있는데도 말이죠."

자, 코끼리가 말을 알아들을 수 있다 치고 "지금 너라면 이런 말뚝 따위는 쉽게 뽑고 도망갈 수 있어"라고 말해 준다면 코끼리는 어떻게 될까요? 자유를 찾아 새로운 곳으로 떠날 수도 있지 않을까요?

저는 지금 여러분에게 '육아휴가를 가라'고 말씀드릴 참입니다. 방금 들려드린 이야기가 여러분에게 도움이 되길 바라면서 말이죠.

지금 우리는 자신을 가두는 것이 무엇인지 생각해봐야 합니다. 아마 이런 생각일 겁니다. 엄마는 집에 있어야 하는데, 밥은 누가 하지? 애가 아프면 어떡하지? 잠자기 전에 나를 찾을 텐데……. 그러나 우리는 지금이라도 나를 머뭇거리게 하는 이 말뚝 같은 생각들에서 벗어나야 합니다. 이런 생각들은 충분히 뽑혀도 될 만큼 근거 없는 것들이니까요.

아빠는 원래 밥을 못 하게 되어 있나요? 간혹 아기를 더 잘 보는 남자도 있는데 그게 이상한 일일까요? 엄마가 집에 없으면 큰일이라도 벌어지나요? 반문해보면 쉽게 답을 하지 못하는 이야기입니다. '원래 그랬으니까'라고 반박할 수 있겠지만 원래란 존재하지 않아요. 상식선에서 생각하라고요?

아인슈타인은 '상식은 18세까지 후천적으로 얻은 편견의 집합체'라고 했습니다. 앞에서 우리의 공교육에 대해 언급한 바 있습니다. 그 교육에 문제가 있다면 이와 같이 주장할 수도 있겠네요.

그러나 육아는 엄마만 해야 한다는 편견이 옳지 않다는 것을 이제 우리는 압니다. 아이의 한쪽 부모로서 육아가 얼마나 힘든지 모른다는 것이 상식선에서 이해되지 않아야 해요. 앞으로 그렇게 될 겁니다.

본론으로 돌아와서, 우리는 자신을 자유롭게 풀어줘야 하고 정당한 권리를 누려야 합니다. 일주일 동안 직장에서 시달린 남편은 주말에 쉴

아빠육아로 달라지는 것들

권리가 있어요. 학생들도 학업이 끝나면 머리를 식힐 시간이 필요하죠. 육아를 하는 엄마도 마찬가지입니다.

최소 한 달에 한 번은 오롯이 자신만의 시간이 필요합니다. 먼 곳으로 여행을 떠나 마음을 위로하고, 친구들을 만나 수다도 떨고, 고향집에 돌아가 부모님이 해준 밥을 먹을 권리가 있습니다. 우리가 얼토당토않는 것을 바라는 게 아니잖아요. 일한 만큼 쉬는 것은 당연합니다.

이 글을 읽고 이번 주말, 엄마들이 어딘가로 여행을 떠난다면 좋겠습니다.

아픈 것도 서러운데
쉬지도 못해요

저는 운동을 매우 좋아합니다. 시간이 부족하면 잠을 줄여서라도 운동을 하곤 하죠. 그런 저도 운동을 하지 않을 때가 있습니다. 바로 아플 때예요. 저는 아프면 무조건 쉽니다. 정확히 말하면 그 좋아하던 운동도 하기 싫어진다고 말할 수 있겠네요.

이런 감정은 누구나 한 번쯤 겪어본 감정일 거예요. 몸이 아프면 식욕도 없어지고 침대에서 꼼짝 않고 누워 있고 싶어집니다. 한껏 예민해져 좋아하던 음악도 귀에 거슬릴 지경이죠. 일이 손에 잡히지 않는 건 말할 것도 없습니다. 그런데 만약 누군가 아픈 나를 억지로 몰아세운다면 어떨까요. 전 당장이라도 그 사람과 날 선 논쟁을 할 준비가 되어 있습니다.

육아도 그렇습니다. 1, 2킬로그램짜리 가벼운 아령일지라도 반복해서 운동하면 버겁기 마련인데, 많게는 수십 킬로그램이 나가는 아이를 들었다 놓았다 반복하다 보면 운동을 좋아하던 사람도 병이 납니다.

또한 정신적으로도 고통스러운 경험을 하게 됩니다. 말 안 듣는 아이와 도와주지 않는 남편 사이에서 악전고투하다 보면, 최선을 다해도 결과는 언제나 최악입니다. 매일 반복되는 끔찍한 날들에 수면부족까지 겹치면서 서서히 몸과 마음의 병을 얻게 되죠.

이 정도 고생하면 아픈 게 당연합니다. 이럴 때는 누군가의 간호로 몸을 추스르는 게 최고의 방책이지요. 그러나 우리 생활은 어떤가요.

모유수유 한다고 약도 제대로 먹지 못합니다. 울고 보채는 아이를 내버려둘 수 없어, 아픈 몸으로도 어린 생명을 안아줘야 하죠. 손목이 시려 내버려둔 설거지, 무릎이 쑤셔 밀지 못한 청소기, 머리가 지끈거려 제대로 정리하지 못한 집을 보면 한숨만 나옵니다. 잠이 쏟아지면 커피라도 마시고 싶지만 모유수유 때문에 그마저도 주저하게 되죠.

이런 날은 알아서 집안일이나 육아를 해주면 좋으련만, 태평하게 소파에 누워 있는 남편을 보면 부부싸움이 일어나기 마련입니다. 왜 이렇게 힘든 나를 몰라주느냐는 원망이 나올 거예요. 나만 힘든 것 같아서 화도 나겠죠. 이런 악순환은 계속 반복될 겁니다. 지금부터 바꾸려고 시도하지 않는다면 말이죠.

이제부터는 직접 말해야 합니다. 말하지 않으면 알지 못하는 것은 분명히 존재해요. 아프면 아프다고, 피곤하면 쉬고 싶다고 말해야 합니다. 밖에서 힘들게 고생하고 온 사람에게 미안해서 입 밖에 꺼내지 못했던, 그런 착한 마음 때문에 아픈 걸 더는 숨기지 마세요. 말 안 하면 상대방은 결코 내 사정을 알 수 없으니까요.

그리고 중요한 사실은 우리가 건강해야 육아도 계속할 수 있다는 겁니다. 마라톤과 같은 긴 여정을 완주하려면, 하루 이틀 바짝 몰아치듯 나를 다그치며 육아하는 것으로는 안 됩니다. 몸을 아끼세요. 기름칠도 하고, 윤활유도 바르고 아껴야 오래갑니다. 그러니 아프면 도와달라고 하세요. 그리고 반드시 쉬세요.

물론 대부분의 사람은 이 글을 보며 "나는 아픈 사람을 몰아세우지 않아"라고 생각할 거예요. 그러나 육아에서는 종종 이런 실수를 저지르곤 합니다. 특히 반드시 짚고 넘어가야 할 문제가 바로 '모유수유'입니다.

모유 먹이는 죄

단도직입적으로 말하면 모유수유는 '선택'이지 강요할 문제가 아닙니다. 이 고통스러운 일은 그저 응원만 해주면 충분합니다. 누가 대신해줄 수 없음을 알기에 엄마 본인도 충분히 심적으로 힘들어하고 있으니까요.

저도 모유가 분유보다 좋다는 것은 압니다. WHO의 권고사항도 알고 있고, 모유를 뛰어넘는 분유는 존재하지 않는다는 사실도 공부했어요. 여기에 더해 '내 자식인데 완모도 못 해주느냐'라는 논리를 펼치며, 저 역시 아내를 몰아세운 적이 있습니다. 이런 생각에 동의하는 분은 "물 끓이고, 온도를 맞추고, 분유를 섞고, 분유통을 준비하느니 차라리 모유가 훨씬 더 편하지"라고 말하며 제 편이 되어줄지도 모릅니다. 여기에 방송에서 모 연예인이 모유수유로 다이어트를 했다는 말까지 더해지면 더할 나위 없이 완벽한 논리처럼 보이겠네요. 그런데 이 모든 것에 아내가 겪는 고통은 고려되지 않았다는 걸 안다면? 생각이 달라질 겁니다.

모유가 처음으로 여성의 몸에 생길 때면 젖몸살이라는 통과의례가 시작됩니다. 유방이 부풀어 오르고 가슴 전체가 후끈 달아오르기 시작하

아빠육아로 달라지는 것들

죠. 잘 풀어주지 않으면 근육이 뭉친 것마냥 극심한 고통이 찾아옵니다. 이런 젖몸살의 고통은 모유가 지나치게 많이 나올 때도 수시로 찾아옵니다. 젖몸살이 오기 전 빨리 아이에게 수유하면 되지 않느냐고 할지 모르지만 생각보다 간단한 일이 아닙니다.

신생아의 입을 한 번이라도 자세히 관찰한 사람이라면 알 거예요. 사랑스럽고 귀엽다는 감상을 떠나, 그 크기가 얼마나 작은지 말입니다. 제아무리 크게 벌려도 조그마한 입 덕분에 수유는 여간 어려운 게 아닙니다. 게다가 처음 해보는 일이고, 모유로 부푼 가슴이 아이 얼굴 절반은 가리기 일쑤니 모유수유는 이제 보이지 않는 '감'의 영역으로 넘어갑니다.

배고파서 우는 아이를 달래려 급한 마음에 억지로 수유를 하다 보면 유방에 가한 힘 때문에 모유가 뿜어져 나와 아이의 얼굴에 묻습니다. 행여 코로 들어가기라도 하면 자지러지게 울어대죠. 우여곡절 끝에 젖꼭지를 아이 입에 물리면 끝일까요?

바늘로 몸을 찌르는 듯한 고통, 상처가 끊임없이 덧나며 생기는 통증이 기다리고 있습니다. 엄청난 힘으로 모유를 탐하는 아이의 입은 젖꼭지에 상처를 만듭니다. 붓기도 하고 심하면 피가 나오기도 하죠. 이빨이 나기 시작하면 고통은 배가됩니다.

아이가 수시로 깨물어대는 통에 '악' 소리가 날 만큼 아프지요. 그렇다고 모유수유를 쉴 수는 없으니 상처는 아물 새가 없고, 옷깃만 스쳐도 찾아오는 통증은 당장이라도 모유수유를 포기하고 싶게 만듭니다. 그러나 이것만으로 아직 모유수유의 어려움을 논하기엔 부족해요.

누군가 '모유를 먹이는 죄'라는 말을 했습니다. 사랑하는 아이를 위해 모유를 먹이는 죄로 먹고 싶은 음식도 제대로 못 먹어요. 밤만 되면 수시로 일어나 배고픈 아이에게 수유해야 하고, 외출이라도 하면 가까운 수유실이 어디에 있는지 미리 확인해야 합니다.

경직된 자세로 수유를 하다 보니 목은 결리고 손목은 시리며 허리는 마디마디 아픕니다. 더운 여름에도 모유가 흐르는 것을 방지하기 위해 항상 축축해진 수유패드를 착용하는 게 기본이고요. 이쯤 되니 모유수유가 좋은 것은 알지만 계속하라고 하기가 미안해집니다.

사랑도 내가 힘들면 사랑이 아닐지 모릅니다. 내가 지금 아프고 죽겠는데 '아이에게 모유가 좋으니 네가 희생해라' 하고 강요할 권리가 그 누구에게 있을까요. 이는 오롯이 엄마가 결정할 문제입니다. 오늘도 엄마들은 사랑과 고통 사이에서 하루에도 수십 번 고민하고, 힘들어하며, 상처받고 있으니까요.

아내가 모유수유를 힘들어하거나 혹은 포기하고 싶다고 말할지라도 남편은 그저 응원해주면 좋겠습니다. 이는 아내가 잘못해서도 아니고, 부족한 것은 더더욱 아니기 때문이에요. 고통을 강요하는 일은 그만두고 아내의 결정에 따듯한 응원의 한마디를 보내주세요. 누구보다 아내가 상황에 맞춰 현명하게 결정할 겁니다.

아빠육아로 달라지는 것들

이번 명절엔
우리 엄마 보러 갑시다

"그럼, 2주 뒤에 뵙겠습니다."

신구 선생님의 이 말이 기억난다면 저와 같은 추억을 공유하는 분이시
겠죠? 이 말은 본방사수라는 말이 없던 시절부터 제 어머니가 만사 제쳐
두고 TV 앞에 앉아서 시청하던 '부부클리닉 사랑과 전쟁'이라는 프로그
램에 나와서 유명해졌습니다. 1999년 10월부터 시작해 2009년까지 평
균 10%의 시청률을 자랑하던 프로그램이었죠. 어린 제가 보기에 꽤나
자극적이고, 무서웠으며 결혼생활의 환상을 깨뜨린(?) 방송이었지만, 다
른 드라마는 놓쳐도 이것만큼은 본방 사수하셨던 어머니 덕에 저도 따
라서 볼 수밖에 없었습니다.

그래서 "재미없었나요?"라고 물어본다면 머뭇거리지 않고 "아니요"라
고 대답할 겁니다. 극적 요소가 충분히 가미되었기에 흥미로웠어요. 하
지만 어머니만큼 몰입할 수는 없었습니다. 때때로 어머니가 여자주인공

의 입장에서 상대방을 함께 꾸짖으실 때는, 왜 그렇게까지 감정을 이입하며 열심이신지 의아할 정도였죠. 특히 친정 문제를 다룬 날이면 마치 자신의 일인 양 크게 노하셨어요. 다 본 뒤 '불쌍한 우리 엄마'라고 한동안 곱씹으셨죠. 저는 늘 '부부간에 크게 문제가 없으니 저건 남의 일이나 다름없는데 군이 저렇게까지 해야 하나'라며 넘어가곤 했습니다.

그런데 이제 와 생각해보니 어머니의 이런 공감은 지금 우리의 사정과 크게 다르지 않은 것 같습니다. 친정에 더 마음이 가는 아내, 이를 두고 언성을 높이는 남편의 모습은 지금도 변함없는 부부싸움의 전형이죠. 왜 이런 일이 계속 반복될까요? 왜 매년 명절만 되면 '며느리의 눈물'이라는 제목의 기사가 올라오곤 할까요? 저는 이 문제의 원인을 '상대적 박탈감'에서 찾아보려고 합니다.

왜 친정 일은 눈치 보이고 시댁 일은 당연한 걸까요

자, 우리가 A라는 사람과 똑같은 일을 한다고 가정해볼게요. 같은 노동의 강도로 동일한 시간 내에 업무를 처리했다고 칩시다. 그런데 우리보다 A가 급여를 더 받는다면 차별이라며 분노하겠죠. 그렇습니다. 특별한 이유가 없는 한 노동의 강도가 동일한 두 사람은 동일한 대우를 받는 게 맞아요. 그런데 부부생활에서 친정과 시댁의 관계는 조금 이상해 보입니다. 한쪽으로 많이 기운 느낌이죠.

군이 신문기사나 뉴스를 볼 것도 없습니다. 대부분의 가정에서 일어나는 일이니까요. 명절이 되면 늘 시댁이 우선입니다. 친정에 한번 가려고 하면 눈치가 보여요. 용기 내어 말해보지만 "다음에 가자"는 대답이 돌아올 뿐입니다. 이런 대화가 계속되면 아내 입장에서는 자연스럽게 '인정받지 못하고 있다'는 생각이 들게 마련이죠.

앞에서도 언급했지만 가사 역시 직장일과 다르지 않습니다. 동일한 노동을 했다면 그에 맞는 동등한 대우를 받아야 하죠. 그런데 왜 친정 일에는 눈치 봐야 하고 시댁 일은 당연한 걸까요? 친정 부모님을 시부모님보다 더 챙기려고 했다면 다시 생각해볼 일이지만, 더 챙기기는커녕 비슷하게라도 생각해주면 이토록 서운하지는 않겠지요. 이제부터라도 당당하게 요구하는 것이 어떨까요. 동등하게 대우받고 권리를 주장할 만큼 노동을 하고 있으니까요.

그래서 저는 친정과 시댁을 동일선상에 놓고 바라보기를 권합니다. 설에 시댁에 먼저 갔다면, 추석엔 친정에 먼저 가는 것이 맞아요. 친정 부모님도 손주가 보고 싶으실 테고, 오랜만에 딸과 이야기도 하고 싶으실 테니까요.

또한 우리 가족 모두가 명절을 즐겁게 보낼 수 있도록 '함께하는 명절'에 대해 같이 고민해보았으면 좋겠습니다. 명절이 지나면 '명절 증후군', '허리디스크'와 같은 단어가 신문에 도배되는 지금의 현실은 바람직하지 않으니까요. 함께 준비하고 다같이 즐길 수 있는 방안을 우리가 찾는다면, 피하고 싶은 게 아니라 모두가 명절을 기다리며 일종의 '가족여행'처럼 즐길 수 있지 않을까요? 이것이야말로 가족의 행복을 위한 길이지 않을까 생각합니다.

마지막으로 명절에 드리고 싶은 선물이 있다면 사드리세요. 양가에 같은 수준으로 하는 것을 전제로 해야겠지요. 요즘에는 이런 분이 거의 없겠지만 혹시 이 대목에서 "내가 벌어오는 돈으로 친정 갖다 주기 바쁘냐"라는 1990년대 이야기를 할 남편이 있을지 몰라 한마디 덧붙이겠습니다.

'사랑과 전쟁' 이야기가 나와서 말인데, 이혼 시 특별한 '귀책사유'가 없으면 재산을 분할합니다. 황혼이혼을 할 시기쯤 되면 그 비율이 절반 가까이 됩니다. 만약 가사노동이 그만한 가치를 지니지 않는다면 재산을 분할할 필요가 없겠죠. 돈 벌어온 사람이 다 가지는 게 맞으니까요. 그러나 현실은 그렇지 않습니다. 이 말인즉 가정의 수입인 월급은 부부 두 사람이 같이 번 거라는 뜻이죠. 그러니 서로의 노력을 존중하며 그에 맞는 배려의 방법을 생각해보시길 바랍니다.

아빠육아로 달라지는 것들

양육자를 위한 품위유지비, 육아수당

이번엔 육아수당에 대해 이야기하고자 합니다. 나라에서 주는 양육수당이나 아동수당에 관한 것이 아니니 오해하지는 마세요. 양육자에게 주는 돈, 육아를 할 때 필요한 돈이라는 의미에서 육아수당이라고 이름 붙였을 뿐입니다.

노동에는 정당한 대가가 있어야 합니다. 열심히 일했으면 보람이 있어야 한다고 생각해요. 그냥 힘들기만 해서는 안 되죠. 혹시라도 '육아가 일하는 거냐, 사랑하는 자녀를 돌보는 것을 어디 일에다 비교하느냐'라는 날선 비판을 한다고 해도 움츠러들지 않을 겁니다. 저는 이렇게 말하고 싶습니다. 그럼 육아가 쉬는 건가요?

물론 사랑스러운 아이와 함께하는 것은 행복입니다. 어쩔 땐 너무 예뻐서 눈물이 다 날 듯하죠. 그러나 아무리 즐거운 일에도 책임이 따르고 온종일 치이다 보면 힘들어지는 법입니다. 직장일과 비교해도 손색이 없을 만큼, 어쩌면 더 힘든 것이 육아입니다.

집에서 육아만 한다고 해서 나에게 쓸 돈이 필요 없지는 않아요. 주기적으로 화장품도 사야 하고, 맛있는 음식을 먹을 때도 있어야 하니까요. 가끔 친구를 만나 차도 한잔 해야 하고, 소확행을 위한 탕진잼으로 스트레스를 풀 수도 있어야 하고요.

한편, '월급을 아내가 관리하니 필요한 것은 그때그때 살 수 있잖습니까, 육아수당은 필요 없지 않나요?'라고 반론하는 남편이 있을지 모르지만, 자세히 살펴보면 아내들은 자신을 위해 돈 쓰기를 망설입니다.

커피 한잔 마시려다가도 "이 돈이면 우리 애랑 키즈카페 한 시간인데"라며 망설이게 되고, 군것질 한번 하려다가도 애 기저귀가 몇 개인지 생각나 망설이다 포기한 게 몇 번인지 셀 수 없습니다. 항상 아이가 먼저이고 나는 늘 뒷전으로 밀려나곤 합니다.

내가 나이기 위해, 육아하는 나를 사랑하기 위해선 정당한 노동의 대가가 필요하다는 것을 말하고 싶습니다. 그리고 그 대가는 온전히 나를 위해 썼으면 좋겠습니다. 육아로 고생하느라 힘든 나를 위한 수당이니까요.

그리고 육아수당은 최소한 밖에서 일하는 사람이 쓰는 용돈과 같아야 한다고 생각합니다. 육아와 직장일의 고단함이 같은 크기라면 나에게 생기는 보상도 같아야 하니까요.

처음엔 어색할지도 모릅니다. 지금껏 너무나 많은 것을 포기하고 살아서 당연한 것을 당연하게 느끼지 못하는 여러분의 마음은 충분히 이해합니다. 그러나 이제는 예전처럼 그러지 말아요. 나도 사랑받고 권리를 누릴 자격이 있습니다. 엄마가 행복해야 육아도 잘할 수 있어요. 육아에는 '나를 사랑하는 연습'도 포함됩니다.

육아 필수 아이템

나를 위해 써야 한다는 의미에서 '육아수당'이란 표현을 써가며 이야기했습니다. 육아로 지친 나를 용돈만으로 온전히 위로할 순 없겠지만, 소소한 행복을 위한 작은 투자쯤은 할 수 있을 거예요.

육아에 꼭 필요한 아이템과 더불어 돈에 관련된 이야기를 한 번 더 하려고 합니다. 시작하기 전에 재미있는 이야기 하나 들려드릴게요.

지난 2009년 로마 교황청이 발간하는 기관지인 〈로세르바토레 로마노〉에서 의미 있는 기사를 실었습니다. 20세기 여성해방에 가장 크게 기여한 것에 대해 다루었는데 그 주인공은 바로 세탁기였죠. 이 이야기를 처음 듣는 분은 의아할 거예요. 다른 중대한 발명도 많은데 가정마다 한 대씩 있는 세탁기라니요. 세간에 가짜 뉴스가 많이 떠돌아다닌다더니 이것도 그런 기사가 아닌가 의심스럽습니다. 그러나 믿기 어렵겠지만 사실입니다. 다음 글을 한번 보시죠.

1900년대 중반, 미국에서 세탁기에 관련된 자료를 발표했습니다. 이 글에 따르면 세탁기가 도입된 후 빨래에 소요되는 시간이 기존 4시간에서 40여 분으로 줄었습니다. 10분의 1 수준으로 경감된 시간은 주부가 가사의 중압감에서 벗어나 자신을 위해서 투자할 수 있게 도와주었습니다. 하루에 3시간 이상을 사용자에게 돌려준다니, 세탁기의 가치가 새삼 다르게 느껴지네요. 그리고 이 세탁기만큼이나 우리의 육아에 도움을 주는 가전제품이 많습니다.

이런 제품들이 우리에게 조금이라도 여유를 제공한다면 사용을 심도 있게 고려해야 합니다. 마음의 여유가 생긴다면 아이에게 한 번 더 웃어줄 수 있고, 화 한 번 더 낼 걸 내지 않고 참을 수도 있겠죠. 지금부터 여러분이 아이를 더 사랑할 수 있게 도와주는 아이템을 소개할게요.

첫 번째 아이템은 '의류 건조기'입니다.

세탁기가 20세기 여성에게 가장 혁명적인 발명이라면, 저는 조심스럽게 그다음은 건조기라고 주장하고 싶습니다. 아이를 키우면 하루에도 두세 번 세탁기를 돌리는 건 예사죠. 신혼 때 여유롭던 빨래 건조대로는 이제 부족합니다. 그나마 겨울엔 버틸 만하지만 여름이 되면 이야기가 달라지지요. 세탁해야 할 빨래는 계속 늘어만 가는데 건조대에 걸린 빨래는 마를 생각을 하지 않습니다. 장마라도 오면 꿉꿉한 냄새가 진동하고요. 이런 상황에 아이가 방금 갈아입힌 옷에 또다시 음식이라도 흘린다면, 십중팔구 자제력을 잃고 화를 내기 쉽습니다.

그러나 이젠 걱정 없어요. 아무리 많은 빨래도 건조기 한 번 돌리면 끝이거든요. 아이가 옷에 밥을 흘려도, 침대보에 실례를 해도 평온한 마음을 유지할 수 있죠. 자애로운 부모가 될 수 있습니다. 여기에 더해 건조를 마친 후 건조기에서 나오는 먼지를 보며 얻는 정신적 안도감은 보너스예요. 한 번도 써보지 않은 사람은 있어도 한 번만 써본 사람은 없다는 말은 건조기에도 해당합니다. 가정에 세탁기가 있는 것이 당연하듯, 아이 키우는 집에 건조기는 이제 필수라고나 할까요.

두 번째는 '식기세척기'입니다.

과거 잘 씻기지 않는 식기세척기로 인해 유사 전자제품군에 불신이 쌓여서인지 식기세척기는 사람에 따라 호불호가 많이 갈리는 가전입니다. 그러나 우리를 설거지에서 자유롭게 한다는 점에서 반드시 필요한

아빠육아로 달라지는 것들

가전이기도 해요.

건조기가 필요한 이유와 마찬가지로 육아를 하면 '설거지거리' 또한 늘어납니다. 이는 단순히 식구가 한 명 더 늘어나는 문제가 아니에요. 숟가락이나 젓가락을 몇 개 더 씻어야 한다고 생각하면 오산입니다. 여러분의 이해를 돕기 위해 이유식을 예로 들어볼게요.

우선 조리도구가 한 세트 더 늘어납니다. 식재료를 담아두는 그릇부터 따로 준비해야 해요. 어른이 쓰는 도마를 같이 쓸 수 없으니 이유식 재료별로 도마가 몇 개 더 있어야 합니다. 경우에 따라 손질용 도구와 칼도 구분해야 합니다. 여기에 식기류와 수저 그리고 조리용 냄비도 필요합니다. 아직 분유를 같이 먹는다면 젖병까지 추가되겠네요.

이 많은 도구를 설거지하려면 시간은 배가 걸립니다. 더 이상 어른 두 명의 설거지가 아니죠. 한 끼 설거지에만 적어도 20~30분은 걸립니다. 결코 무시하고 넘길 만한 시간이 아닙니다. 이 시간을 절약할 수 있다면 조금이라도 마음 편히 육아를 할 수 있을 겁니다.

그러나 아이가 먹는 그릇을 기계에게 맡기는 게 불편하다는 점을 간과할 순 없습니다. '혹시 세척이 잘되지 않으면 어떡하나' 하는 생각을 지울 수 없죠. 저 역시 식기세척기를 쓰고 있지만 아주 드물게 그릇들이 서로 포개져 잔존물이 남아있는 것을 보곤 합니다. 그런데도 불구하고 식기세척기는 있어야 해요.

분유병이나 유아식기처럼 직접 입으로 들어가는 것은 손으로 세척하더라도 최소한 어른들이 사용하는 식기류는 기계로 씻어도 무리가 없습니다. 그래도 조심스럽다면 천연 유래 제품군의 세제를 용법에 맞게 소량 사용하면 돼요. 이래도 안심이 안 된다면 초벌 세척만 세척기가 하고,

헹굼은 내가 해도 좋습니다. 이것만 해도 설거지의 부담은 확 줄어듭니다. 어서 설거지 걱정에서 벗어나시길 바랍니다.

마지막은 '로봇청소기'입니다.

제가 처음 로봇청소기를 접한 건 2013년이었어요. 고양이를 키우던 제게는 무척 획기적인 아이템으로 보였습니다. 최소한 방바닥에 '고양이 털'이 날아다니는 문제에서는 해방될 것 같았거든요. 그러나 심심치 않게 화장실 바닥에 떨어져 뒹구는 로봇청소기를 보며 제 기대는 무너졌습니다. 한데 요즘에 나온 것들은 많이 좋아졌더라고요. 스스로 집 구조를 파악해서 돌아다닙니다. 구석구석 빠짐없이 청소하고요. 최소한 화장실에서 뒹굴고 있는 모습은 보기 힘듭니다.

물론 사람이 하는 것보다 만족스럽지는 않습니다. 문 뒤의 먼지를 지나치기도 하고, 미리 치우지 못한 빨래에 걸려 버벅대다가 멈추기도 하죠. 그러나 완벽을 추구하는 틀에서 조금만 벗어난다면 그때부터 로봇청소기를 다르게 볼 수 있습니다.

잠시만 생각하면, 아이 키우면서 청소기 한번 돌리기가 얼마나 어려운지는 금세 알 수 있어요. 칭얼대는 아이와 씨름하다 보면 집안일은 자연스레 순위에서 밀려납니다. 청소기 돌릴 시간이 없어 바닥에 돌아다니는 머리카락에 한숨이 나지만 어쩔 수 없는 노릇이었죠. 그러나 이제 최소한 먼지 덩어리가 굴러다니지는 않을 거예요. 로봇청소기가 해결해줄 테니까요.

그런데 한 가지 문제가 있습니다. 아이가 너무 어려 로봇청소기를 무서워할 수도 있다는 것. 이럴 땐 밖에 나갈 때 청소기를 돌리든지, 외출 중에 작동하는 제품으로 구매하기를 권합니다. 요즘엔 사물인터넷이 적

아빠육아로 달라지는 것들

용돼 핸드폰으로 구동 가능한 제품도 많이 나와 있어요.

'대단한 이야기를 해줄 것처럼 굴더니 고작 아이템 타령이냐'고 할지도 모르겠습니다. '우리 부모님 세대는 이런 거 없이 다 잘 했다, 유난 떨지 마라, 전기세 많이 나온다' 등의 비난도 예상됩니다. 저 역시 그랬으니까요. 육아를 시작하기 전에는 아내가 아무리 사달라고 해도 들은 체도 하지 않았습니다. 온갖 좋은 말을 갖다 붙이며 회피했죠.

그러나 이 세 가지 아이템을 쓰고 있는 지금 예전으로 돌아가고 싶은 생각은 조금도 없습니다. 오히려 왜 일찍 결정하지 않았나 아쉬울 뿐이죠. 가사가 경감되면서 부부싸움 횟수가 줄어들었고, 가족과의 시간이 늘어났으며, 아이를 더 사랑할 수 있게 되었거든요.

육아의 분배만 이야기했다고 해서 가사는 나누지 않아도 된다고 생각하지는 않을 거예요. 가사도 나눠서 해야 하는 게 맞죠. 그런데 나눠야 할 몫이 줄어든다면 어떨까요? 마다할 사람은 없을 겁니다.

사람이 하는 것보다 잘 못할 수도, 실수가 나올 수도 있지만 아이를 더 사랑할 시간을 벌어준다면 충분히 눈감아 줄 수 있습니다. 이런 데는 아끼는 게 아니라 생각합니다. 오늘의 투자로 만족스러운 내일을 얻을 수 있다면 이보다 더 좋은 투자는 없으리라 확신합니다.

말해야만
알 수 있는 게 있어요

부부로 살다 보면 한 번쯤 느끼는 감정이 있습니다. 바로 '이 사람이 달라진 것 같다'는 마음이죠. 예전과 다르게 쌀쌀맞기도 하고, 내 생각대로 움직이지 않는 그이를 보면 "역시 결혼하면 별 수 없어"라는 선배 부부의 조언이 떠오릅니다.

이런 감정은 한 사람과 오래 사귈 때 종종 느끼는 것이기도 합니다. 연인 사이에서도 흔히 생기는 감정이니 두말하면 입 아프죠. 그래서 굳이 이런 감정을 부부 사이의 문제로 끌어와야 하냐는 생각이 들 수도 있지만, 결혼을 하고 육아를 시작하면 더욱 확실하게 피부로 와 닿는 문제이기에 반드시 짚고 넘어가야 합니다.

부부가 되어 얼마간은 행복한 생활을 즐길 수 있습니다. 신혼 때는 더말할 것도 없죠. 오죽하면 '연인이 밤이 되어도 집에 가지 않는 게 신혼'이라는 말이 있을까요. 그러나 아이가 태어나면 연극도 막을 내리게 됩니다.

아빠육아로 달라지는 것들

가수 유희열 씨는 결혼에 대해 "그 사람 앞에서 가장 나다울 수 있는 사람과 결혼하라"라고 조언하며 그 이유로 '언젠가는 연극이 끝나기 마련'이라고 했죠. 저는 그 연극의 끝을 가장 드라마틱하게 느낄 수 있는 순간이 '출산 후'가 아닐까 생각합니다.

육아를 시작하면 상대방에게 더 이상 좋은 모습만을 보여줄 수 없습니다. 아이와 함께하는 시간이 너무나 힘들고, 사소한 것에도 서운해지며, 별것 아닌 일에도 쉽게 싸우게 되기 때문입니다. 결혼 전엔 조금 아쉬운 소리를 해도 한없이 사랑해주던 상대가 버럭 화를 내고, 나 역시 이에 질세라 악을 쓰며 공격하는 일이 반복됩니다. 연극은 끝나고 현실이란 민낯과 마주하게 되는 것이죠.

그렇게 한차례 '부부싸움'이란 폭풍이 지나가면 '이 사람이 왜 이렇게 변했을까' 하는 고민이 자연스럽게 뒤따라옵니다. 싸워도 싸워도 끝이 나지 않는 이 일상 속에 상대방을 잘못 선택했다는 후회가 들지도 모릅니다. 저 역시 그런 생각에 괴로워했어요.

일주일 30분, 생각하고 나누는 시간

그러나 제가 말하고 싶은 것은 결코 서로 속이려 한 건 아니라는 점입니다. 좋은 모습만 보여주고 싶은 마음에 그렇게 행동했을 뿐이지요. 사랑하는 마음만은 진심인데 상황이 변하니 인간적인 면이 나오는 것일 뿐이에요.

그러니 우리는 언젠가 맞이할 '연극 이후'를 준비해야 합니다. 나를 향해 미소 짓는 얼굴이 고통에 일그러지고 고함과 비난이 난무할 날이

멀지 않을지 몰라요. 그날이 왔을 때 "다른 사람은 이렇게 하는데 너는 이것밖에 못해?"라고 언성을 높여봤자 얻을 건 없습니다. 비교하면 결국 나도 다른 사람과 비교당할 뿐이죠. 그래서 여러분을 돕기 위해 적절한 탈출 전략을 세워두었습니다. 지금 소개할게요.

바로 '생각하는 시간 가지기'입니다. 상대방이 어떤 한 주를 보냈을지, 어떻게 힘들었을지 추측하는 것이죠. 오래 걸리지도 않습니다. 그리고 자주 할 필요도 없어요. 일주일에 30분이면 충분합니다.

저와 아내는 아이가 낮잠에 든 주말, 차 한잔을 나누며 서로를 바라보는 시간을 가집니다. 20분 정도는 말없이 준비한 종이와 펜을 들고 일주일 동안 있었던 힘든 일을 차례대로 적습니다. 매주 반복되어도 상관없어요. 반복만큼 강력한 힘을 가진 것도 없으니까요.

다 적으면 서로 적은 내용을 나눕니다. 개선해야 할 점을 꼬집어주기도 하고, 고마움을 표현하기도 하죠. 그리고 다가올 한 주의 일정을 공유하며 어떻게 육아를 분담할지 의논하는 것으로 마무리합니다.

결혼은 상대방을 향한 믿음이 있어야 할 수 있습니다. 믿지 못했으면 식을 올리지도 않았을 거예요. 그러나 그 믿음, 상대방을 잘 안다는 생각이 내 눈을 가릴 때가 있음을 잊지 말아야 해요. '이 정도는 알아주겠지, 말 안 해도 잘하겠지'라는 착각은 서로를 곤경에 빠뜨리곤 합니다.

아쉬운 점이 있다면 말해야 합니다. 어려운 문제가 있으면 도와달라고 해야 하고요. 지금 당장 혹은 처음에 말하기가 조금 어색하더라도 나중에 벌어질지 모를 큰 싸움을 막을 수 있습니다. 오늘 바로 시작해보는 건 어떨까요?

아빠육아로 달라지는 것들

좋은 육아책을
고르는 방법

지금까지 저는 '육아책'에 관해 다소 비판적인 시선으로 보고 있음을 밝혔습니다. 그러니 지금 이 글을 읽는 여러분은 이렇게 말할 수도 있습니다. "그토록 신랄하게 책을 비판하면서 당신은 왜 책을 쓰나요?"라고 말이죠. 제가 생각해도 육아의 어려움에서 말한 책 이야기는 '책을 쓰는 사람으로서 하는 말'이라기엔 조금 역설적입니다.

그러나 그것이 제가 책을 쓰는 이유이기도 합니다. 반대로 생각해보세요. '책을 쓰는 사람만이 책에 관해 더 확신을 가지고 말할 수 있는 게 있지 않을까'라고 말입니다. 이번엔 책을 읽는 독자가 아닌 '작가의 입장'에서 '책'을 생각해보겠습니다.

작가가 책을 쓰는 이유는 무엇일까요? '사회적 성공을 위해' 혹은 '인류의 발전을 위해' 등의 거창한 이유가 아닌 보다 근본적인 이유 말이에요. 그것은 바로 '나의 생각을 독자에게 전달하기 위해서'입니다. 내가 무슨 생각을 하고 있는지 드러내고, 내 글을 읽은 독자들이 내 바람대로 행동해주길 바라는 것이지요. 그러한 생각과 바람을 전달하는 매개로 '글'을 이용하는 사람을 '작가'라고 부릅니다. 그런데 아무리 좋은 내용을 책에 담더라도 독자가 읽어주지 않는다면? 아무런 의미도 없습니다. 그럴 바에야 한 사람 한 사람 붙잡고 이야기하는 편이 낫죠. 그래서인지 책은 유독 '호객' 행위가 강합니다.

누구나 한 번쯤 경험했을 법한 이야기를 하나 말씀드릴게요. 어느 날, 친구와 만나기로 한 시간보다 조금 일찍 약속 장소인 서점에 들렀습니다. 시간이 남아 책과 책 사이를 뒤적이다 보니 유난히 눈에 띄는 제목의 책이 보입니다. 매대 위쪽에 놓인 《당신도 노력하면 세계 1등 부자가 된다》라는 제목의 책입니다. 마치 이 책을 사면 '나도 세계 1등은 아니라도 '남부럽지 않게' 살 수 있지 않을까?' 하는 생각이 들 만큼 마음을 사로잡아 그 책을 사서 돌아왔습니다. 그러나 경험상 그런 책들은 대부분 서재로 들어가서 다시는 빛을 보지 못합니다.

이해를 돕기 위해 존재하지도 않는 책으로 과장되게 이야기한 감이 없지 않지만, '독자를 현혹하는 책을 쓰면 안 된다'라는 신념에 어긋난 책을 볼 때면 걱정이 됩니다. '얼마나 많은 사람들이 이 책의 내용에 빠져 잘못된 길을 걷게 될까?' 하는 걱정이죠. 그러나 이런 종류의 책은 언제나 존재하고, 육아책도 마찬가지입니다.

좋은 육아책을 고르는 기준

선정적인 제목으로 독자를 끌어들인 뒤 "내가 육아를 해보니 이것이 정답입니다"라는 식의 주장으로 도배해놓은 책들이지요. 실제로 책 속에서

아빠육아로 달라지는 것들

독자를 '현혹'하는 내용을 종종 발견할 수 있습니다.

작가가 독자에게 잘 보이고 싶은 마음을 가지면 '좋은 말'을 계속 덧붙이고 싶은 욕심이 생깁니다. 간혹 '나 자신도 지키지 못하는 원칙'을 제시하며 '글을 멋지게 포장'하고 싶은 생각과 싸워야 할 때도 있지요. 그러면 안 되지만, 독자에게 나의 생각을 '판매'하면 끝이라고 생각하는 사람도 있겠죠. "작가는 자기 글에 책임이 있는데, 진짜 그럴 사람은 없지 않겠느냐?"라고 하실지도 모르겠지만 여기에도 빠져나갈 구멍은 있으니 조심해야 합니다.

예를 들어 아이가 육아책에 쓴 글대로 자라지 않는 것은 독자의 책임으로 돌리면 됩니다. 단언컨대 완벽하게 책에서 제시하는 대로 할 수 있는 사람은 없으니까요. 누군가 그 책의 작가에게 따지더라도 "뭔가 중간에 과정이 잘못됐을 겁니다"라고 말하면 그만입니다. 그래서 우리는 좋은 책을 골라야 하는 부담을 떠안게 됩니다. 저자가 책임의식을 가지고 양질의 내용이 담아 쓴 책을 말이죠.

자, 더 이상의 혼란을 방지하기 위해 좋은 책을 고르는 방법을 제시하겠습니다. 정말 좋은 책을 고르는 기준은 무엇일까요?

먼저 좋은 책은 저자가 '독자의 입장에서' 쓴 책입니다. 자신의 제한적인 경험만 이야기하는 것이 아니라 정확한 근거를 제시하고, 독자가 판단할 여지를 남겨두는 책이죠. 이런 책은 베스트셀러가 되지는 못하더라도 긴 시간 사랑받는 스테디셀러가 되는 경우가 많습니다.

다음으로 '전문가의 감수를 받은 책'입니다. 각 분야마다 소위 '전문가'로 불리는 사람들이 있듯 '육아'에도 전문가가 있어요. 우리는 그들의 말을 들을 필요가 있습니다.

"내가 키워보니 이렇게 하면 좋다"라는 말 대신 '아이의 발달상황과 현재 상태를 살펴보았을 때' 혹은 '최근에 이루어진 연구를 통해 밝혀진 바에 의하면'이란 문구를 밝힌 책 그리고 '그 내용이 전문가의 감수를 받은 책'을 선택해야 합니다. 이런 책들을 참고해 아이의 발달을 비교하며 어떻게 가르쳐야 하고 무엇이 필요한가에 관한 내용을 접목한다면 만점일 거예요.

한편, '전문가의 추천을 받은 책'도 주목할 만합니다. 대형서점이나 교육기관 혹은 신문 등에서는 독자가 읽으면 좋은 책을 '추천도서'로 목록화해서 제공하기도 합니다. 이러한 책은 일단 손에 한번 쥐어보길 권장합니다. 무작정 사라는 말은 아니에요. 앞에서 제시한 기준들을 적용한 뒤 구입해도 늦지 않습니다.

마지막으로 책을 고르기 전에 자체 검열 작업을 거치기를 추천합니다. 바로 '서문'을 꼼꼼히 읽는 것이죠. 서문은 작가가 책 한 권을 쓰는 것과 필적할 만한 노력을 들여 작성하는 일종의 '안내서'입니다. 이 책을 어떤 생각으로 썼고, 원하는 바는 무엇이며, 어떤 내용을 담고 있는지에 관한 핵심 내용이 적혀 있죠. 서문만 봐도 "아, 이 책은 이런 말을 하려고 하는구나"라는 느낌이 와야 합니다. 책이 머릿속에서 그려져야 하죠. 그렇지 않다면 고르지 않는 것이 현명합니다. 책의 내용도 그와 별반 다르지 않을 가능성이 높기 때문이에요. 서문은 사람으로 치면 첫인상입니다. 첫인상이 좋은 책을 골라야 합니다.

다시 한번 이야기하지만 모든 이의 마음속에 "책이 늘 정답은 아니다"라는 생각이 자리 잡았으면 합니다. 이런 마음을 가져야 '좋은 책'을 고르려는 의지가 생기기 때문입니다.

책을 '받아들여야 하는 것'으로만 생각하지 않고 '비판적으로 해석해야 하는 것'으로 간주하세요. 이런 생각으로 책을 고르면, 나의 부족한 경험을 채워줄 소중한 책을 구할 수 있습니다. 좋은 책 고르는 방법과 비판적 사고가 함께한다면, 우리의 육아는 한층 더 업그레이드되리라 확신합니다.

육아관이 다른 것만큼 비극은 없어요

좋은 책을 골라 정독하고 있을 여러분에게 다음으로 할 이야기는 '육아관의 정립과 부부 사이의 공유'에 관한 것입니다.

육아관이라고 말하면 '아이 키우는 데 거창하게 무슨 가치관의 정립까지 필요하냐'고 의아해하실지도 모르겠네요. '의식주를 때에 맞게 해결해주고, 학습에 관한 교보재를 적시 적소에 배치해주면 되지 않느냐'라고 반문할 수도 있겠고요. 그러나 겪어본 제가 장담하건대, 부부의 육아관이 다른 것만큼 비극은 없어요.

나의 육아관이 우는 아이는 달래주어야 하는 것이라고 가정해보겠습니다. 이 경우 우는 아이를 보면 안고 어르고 달래어 다시 웃게 만들어야 내 마음에 평화가 찾아옵니다. 그런데 배우자가 나를 막아선다면 어떨까요.

어렸을 때 버릇을 잘못 들이면 커서도 똑같은 모습을 보일 테니 지금 울게 놔두고 나중에 반듯한 아이로 키우자며 나를 몰아세웁니다. 아이 방으로 들어가 달래주려고 하니 앞을 막아서는 통에 실핏줄이 터져가며 몇 시간이나 울고 있는 아이를 안아줄 수가 없네요. 그러면 마음은 타들어가고 고통도 이루 말할 수 없죠.

물론 상대방은 답답해서 그럴지도 모릅니다. 유럽 부모들은 어릴 때부터 자립심을 키워주려고 똑 부러지게 교육하는데, 아직도 예전의 방법에서 벗어나지 못하는 나를 못마땅해할 수도 있죠. 나의 행동이 아이를 망칠까 하는 조바심에 더욱 몰아세우는 걸 수도 있습니다. 이처럼 육아관이 다르면 방법의 차이에서 오는 괴리로 인해 평행선만을 걷게 됩니다. 합의점을 찾지 못할 수도 있습니다.

한편, '육아관이 어떻게 그처럼 극과 극으로 치달을 수 있느냐?'라고 물을 수도 있습니다. '인류가 지구상에 살아오면서 끊임없이 해온 일이 출산과 육아인데, 이만큼 세월이 지났으면 하나의 결론에 도달하지 않았을까?' 하는 의문 말이에요. 자연스러운 생각이고 저도 늘 궁금한 내용이었습니다. 그래서 이 의문을 확실하게 해소하기 위해 잠깐 다른 이야기를 하나 꺼내볼게요.

2014년에 개봉한 영화 〈300〉을 보면서 아테네와 스파르타에 대해 좀 더 자세히 알게 되었습니다. 지정학적 위치와 문화, 경제 등은 물론이고 다소 경악스럽지만 재미있는 사실까지 말이죠. 다음 이야기는 시오노 나나미의 《그리스인 이야기 1》에 소개된 내용입니다.

스파르타에서는 아이가 태어나면 국가에서 결격사유를 확인했습니다. 자신들의 기준에 맞지 않으면 죽이기도 했죠. 기준에 통과한 아이가 자라 7세가 되면 부모와 떨어져 집단생활을 시작했습니다. 일정 나이가 지나면 무예도 단련해야 하고, 자라서 20세가 되면 야생에서 7일 동안 살아남는 훈련을 거쳐야 하는 것은 물론 노예의 목을 가져오는 시험까

아빠육아로 달라지는 것들

지 통과해야만 했습니다.

아테네는 정반대였어요. 당연히 검열은 없었고, 무예도 배웠지만 수학이나 예술 등 균형 있는 교육을 받았습니다. 일정한 자유가 주어졌고, 배움의 기회는 늘 열려 있었죠. 부모와 떨어지는 일도 없었고 살인을 저지를 필요도 없었습니다. 극과 극이라는 표현은 이럴 때 쓰는 말이겠지요.

두 국가의 가치관 중 어느 하나가 옳다는 말을 하려는 건 아닙니다. 교육관, 즉 육아관은 과거에도 그랬고 지금도 그 모습이 달라졌을 뿐 하나로 수렴되지 않고 다양하게 존재한다는 사실을 말하고 싶었습니다. 제 말이 의심스럽다면 지금 당장 서점에 가보세요. 서점 한구석에 마련된 육아코너 앞에 서보면, 제가 무슨 말을 하는지 금세 아실 겁니다.

일단 육아책이 정말 많다는 사실을 발견하게 됩니다. 그리고 다양하기까지 하다는 것을 눈치 채게 되죠. 스파르타 같은 엄격하고 틀에 짜인 교육관이 있는가 하면, 아테네처럼 부드럽고 유한 방식을 추구하는 책도 있습니다. 육아책에도 유행이란 것이 있으며 언제나 그 다양성이 유지됨을 알 수 있지요.

우리가 어렸을 때는 《영재 만들기》, 《1등으로 키우기》와 같은 책이 인기를 끌었습니다. 지금은 유럽의 어느 국가의 이름을 딴 《○○○식 육아》와 같은 제목의 육아책이 상위권을 차지하고 있습니다. 자, 여기서 기억해야 할 점은 '육아관은 다양하다'는 사실입니다. 이는 당연해요.

하나의 육아관으로 양육이 가능했다면 인간의 다양성은 사라졌을 겁니다. 그랬다면 사회는 무색의 지루한 집단을 이뤘을 것이며, 모든 사람이 재미없는 삶을 살게 됐을 테지요. 사회 속 개개인은 다양한 삶을 추구하며 자신만의 색을 나타내길 원해요. 아이도 마찬가지입니다.

공부를 잘하는 아이가 있으면 운동에 소질 있는 아이도 있습니다. 음악에 두각을 나타낼 수도 있고, 다양한 방면에서 평균 수준의 재능을 보이는 아이도 있죠. 이런 다양성을 하나의 교육 틀로 묶는다는 것 자체가 말이 되지 않습니다. 당연히 각자 다른 육아관을 가지고, 자신의 아이에게 맞는 방법을 찾을 수밖에 없습니다. 이런 다양성이 존재하므로 육아관에 대한 부부간의 이해는 필수입니다. 그렇지 않으면 정답이 없는 문제를 두고 서로 맞다며 핏대 세우고 싸우게 될지도 모르니까요.

내가 책을 읽든, 상대방이 밑줄 긋거나 페이지 한쪽 모서리를 접어놓은 부분을 보든, 나와 아이에게 맞는 육아관을 찾아서 정립해야 합니다. 부부가 함께 생각을 나누고, 어떻게 아이에게 적용할지 고민해보시길 추천합니다.

아빠육아로 달라지는 것들

육아, 경력 자체가 없어지는 가혹한 일

어느 날 문득 아이를 돌보는 아내의 모습을 바라보다 무서운 생각이 엄습한 적이 있습니다. 육아를 하며 생긴 제 고민이자 여성에게는 독박육아 그리고 우울증에 이르게 하는 원인이며, 딸을 가진 아빠라면 누구나 한 번쯤 해보았을 생각입니다.

지금은 옛날처럼 남녀 구분이 학업을 좌지우지하는 시대가 아니죠. 아들딸 가릴 것 없이 부모로서 할 수 있는 '최고의 지원'을 해 줌으로써 자녀가 원하는 일을 하도록 이끌어주는 시대입니다.

그리고 이런 지원에 힘입어 아이는 초등학교, 중학교, 고등학교를 거쳐 대학에 갑니다. 이 아이가 졸업 후 '취준생'을 거쳐 죽기 살기로 노력해 겨우 취직했다고 해보죠. 어림잡아 20년가량을 현재의 '직업'을 얻기 위해 공부한 셈입니다. 그런데 우리 사회에서 여성의 지위는 어떤가요. 지금까지 기울인 노력에 훨씬 못 미치는 기간에 직장생활을 하다가 결혼을 해 아이를 낳고 사회에서 잊혀가는 것은 아닐까요?

이런 우울한 상황이 머릿속에 그려지니, 차라리 딸에게 "이럴 거면 왜 열심히 노력해서 원하는 직장을 가져야 하니?"라고 말해주고 싶더군요. 어차피 몇 년 일하지 못하고 그만둬야 한다면 노력 대비 효율이 너무나 떨어지니까요.

공부가 정말 재미있어서 하는 극소수를 제외하고, 공부는 '내가 원하는 것을 얻기 위해 한다'는 데 대부분이 동의할 거예요. 그런데 여성과 남성이 똑같이 노력해 사회로 진출했는데 남성은 계속해서 자신의 커리어를 키워나가고, 여성은 경력단절을 경험해야 하는 이 현실이 제 딸 이야기가 될까 봐 두려웠습니다.

딸아이를 가진 아빠로서, 사랑하는 아내를 둔 남자로서 '이 악순환의 고리를 반드시 끊어야 한다'고 생각했습니다. 그러나 여기에도 반론은 있어요.

"경단녀도 취직할 수 있다", "휴직제도가 잘되어 있어서 휴직 후 직장생활도 보장된다"라고 말이죠. 확실히 제도적으로는 보장되어 있습니다. 그러나 여전히 우리 사회에서 육아의 대부분은 엄마의 몫이에요. 어릴 때부터 무의식적으로 당연하다고 배워왔기에 인지하지 못하고 넘어가는 것이 현실입니다.

아이를 키우다 보니 7년을 쉬었습니다

어느 공익광고의 카피입니다. 7년이란 세월 동안 광고에 나온 엄마는 자신의 모든 것을 뒤로하고 아이들만 돌보았을 거예요. 묵묵히 자신만의 일이라고 생각한 육아를 마친 뒤, 이제 다시 자신의 삶을 살아보려하지만 너무 큰 공백은 그녀가 오롯이 감당해야 할 큰 짐으로만 남아 있을 뿐이죠.

이것은 경력단절이 아닌 경력 자체가 없어지는 일입니다. 처음부터 다시 시작해야 하지만, 젊고 활기찼던 나의 모습은 사람들의 기억에서 지워진 지 오래입니다. 지금은 누군가의 아내이자 아이 엄마로만 불릴 뿐, 나라는 존재는 사회에서 희미하게 사라져갈 뿐입니다. 과연 돌아갈 곳이 있는지 물어보고 싶습니다.

이것은 단순히 먹고사는 차원의 문제가 아니라고 생각해요. 돈 문제만이 아니라는 것이죠. 아내의 인생, 그녀에게 희생만 강요하는 사회적 문제입니다.

그녀가 인생을 포기하게 두지 말아요

결혼해서 아이를 낳아 키우느라 나의 인생을 살지 못한다면, 누가 나에게 일방적인 희생만을 강요한다면……. 어느 누구도 아이를 낳아 기르고 싶지 않을 거예요. 여성은 아이를 낳을 수 있는 몸을 가졌을 뿐, 아이만을 낳고 기르기 위해 태어나지 않았습니다.

지금까지 열심히 살아온 '그녀의 인생'을 포기하게 조장하지 말아야 합니다. 누구의 부인, 누구의 엄마이기 전에 멋진 여자로서 그녀가 있었고 남성은 그런 여성을 사랑했습니다. 이제 사랑하는 그녀를 지켜줄 때가 왔습니다. 육아 앞에서 여성에게만 휴직과 독박육아를 강요하는 현실을 함께 바꿔나가요. 누가 해도 어렵고 힘들며 외로운 싸움을 여성만 계속하는 것은 이상한 일이니까요.

그래서 약속이 중요합니다. 이 책에서 제시하는 최소한의 것들에 대한 공감대를 형성한 뒤 육아휴직을 결정해도 늦지 않아요. 만약 그렇지 않다면? 다시 한 번 신중하게 생각해보기 바랍니다.

누군가는 무책임한 말이라고 할지도 모릅니다. '그럼 아이는 누가 보나요?', '태중의 아이에게 미안하지는 않습니까?', 또 심하게는 '아이를 사랑하기는 해요?'라고 말하는 사람도 있겠지요. 그러나 이런 방향으로 생각해보면 어떨까요.

임신과, 출산 그리고 모유수유를 제외하면 나머지 육아는 부부가 모두 할 수 있는 일입니다. 처음엔 조금 서툴지라도 익숙해지면 아빠가 더 잘하게 될지도 모르죠. 그러니 두려워 말고, 지금까지 그렇게 해오지 않았다고 할지라도, 부부가 서로를 아끼는 마음으로 '함께하는 육아'를 계획하시길 바랍니다.

제 말대로 부부가 함께 육아할 계획을 세우셨나요? 자, 육아를 함께할 동반자를 얻게 된 것을 축하드립니다. 여세를 몰아 한 가지 더 짚고 넘어가야 할 것이 있어요. 바로 복직에 관한 약속입니다.

육아휴직을 한 것은 잠시 아이를 돌보기 위함이지 나를 사회와 영원히 분리하는 것이 아닙니다. 말 그대로 휴직이지 사직은 아니잖아요. 아이를 키우는 일은 분명 중요하지만, 아이가 더 이상 부모의 관심을 필요로 하지 않을 때가 오기 전에 나만의 삶을 굳건히 다져두어야 합니다. 휴직은 사직이 아님을 기억하세요.

아빠육아로 달라지는 것들

행복한 노년을 위한
투자, 육아분담

아직 해결되지 않은 문제가 남아 있습니다. 엄살이 아니라, 아무리 책을 읽고 맘이 동했더라도 직장에서 시달린 뒤 집에 돌아오면 우선 '쉬고 싶다'는 생각만 들 정도로 몸과 마음이 힘들게 마련입니다. 저 역시 이 책을 읽는 남편들을 강제로 육아라는 또 다른 '일터'로 내몰고 싶지는 않습니다.

적어도 집에 오면 편안한 소파에 앉아 리모컨으로 채널을 바꾸며 하루의 피로를 풀어야 할 권리가 있으니까요. 여기에서 이미 지친 사람에게 육아에 대한 동기를 부여해야 한다는 어려운 문제가 발생합니다.

사실 저도 육아에 관한 편견을 지닌 사람이었습니다. 퇴근하고 집에 오면 으레 '열심히 일했으니 나는 좀 쉬어야 해'라고 생각하며 아이를 돌보는 일은 전적으로 아내에게 미뤘어요. 적어도 '피곤한 몸 상태'가 거짓은 아니었기 때문입니다. 이럴 때 남편의 '힘든 감정'을 무시하고 '육아가 더 힘드니 네가 좀 도와라' 하는 식으로 접근하면 결국 감정싸움으로 번질 것이 불 보듯 뻔합니다.

그래서 어떻게 하면 남편의 '자발적인 육아'를 독려할 수 있을까 고민해보았습니다. '아내가 아이를 잘 키우고 있는데 꼭 나까지 '육아'에 참여해야 하나?'라고 생각하는 남성들에게는 다음 이야기가 좀 더 피부에 와 닿을 겁니다.

저는 의학 전문가도 아니고 생리학자도 아니에요. 그래서 인간이 어떻게 100세 넘게 살 것인지에 아직은 크게 관심이 없습니다. 다만 사람의 기대수명이 높아질 거란 확신은 있고, 은퇴 후 삶이 은퇴 전 삶보다 길어지리라는 걸 의심하지는 않아요. 사람들도 저와 같은 생각인지 우리 세대의 큰 고민 중 하나는 "길어진 은퇴 후 생활을 어떻게 준비해야 하는가?"이고, 많은 사람들이 은퇴 후 행복한 삶을 위해 젊어서부터 '건강'에 투자하고 있습니다.

사람들은 왜 특히 건강에 관심을 가질까요? 그것은 100년을 살아도 아프거나 고생스럽게 사는 것은 의미가 없기 때문입니다. 즐겁고 행복하게 살아야 진정한 장수의 의미가 있죠. 저 역시 행복한 노년의 삶을 생각하다 보니 건강의 중요성에 공감합니다. 그 때문인지 요즘 들어 '보험광고'가 눈에 띄네요.

TV에 너무 자주 나와서 안 보려고 해도 자꾸 보이기도 하지만 부쩍 관심이 갑니다. 특히 "나이 들어 병들고 아프면 더 힘드시죠? 지금 고민하지 말고 전화 주세요"라는 문구가 가장 인상 깊더군요. 이 문구를 보면 "그래, 젊었을 때 조금 투자해서 미래에 아프지 말고 살자"는 생각이 절로 듭니다.

그러나 냉정하게 말해서 '내가 미래에 아플 것'은 불확실한 미래입니다. 아직 일어나지 않을 병을 위한 투자이므로 어떤 측면에서는 '불확실한 투자'라고 볼 수 있죠. 내가 만일 아프면 도움이 되겠지만, 건강하게 장수한다면 지금 나에게 투자할 자원을 '불확실한 미래에 낭비'하는 것이 될 수 있다는 점을 알아야 합니다.

하지만 작은 투자로 높은 위험을 대비한다는 점에서 보험은 매력적이고, 바로 이런 점 때문에 많은 사람들이 미래를 생각해서 보험에 들죠.

남편과 아빠의 자리가 지워지지 않으려면

이쯤에서 여러분에게 묻고 싶습니다. 여러분은 확실한 미래를 준비하고 있나요?

여기서 말하는 '확실한 미래'란 '여러분이 배우자와 100세 넘게 같이 사는 것'을 의미합니다. 만약 동반자와 함께하는 100세의 삶이 고생스럽고 힘들다면, 같이 사는 것 자체에 큰 의미가 있을까요? 서로를 불신과 미움이 가득한 눈빛으로 바라보며 살아가는 삶이 얼마나 행복할지 모르겠습니다.

지금처럼 건강만 지킨다면 '같이 100세'를 살 수는 있어도 '함께하는 행복한 노년'은 장담할 수 없을 겁니다. 제가 이렇듯 민감한 내용을 조심스럽게 말하는 이유는 다음과 같습니다.

2017년 초 황혼이혼의 비율은 26.4%로 4년 이하 신혼부부의 이혼율인 24.7%를 넘어섰습니다. 과거에 비해 더 많은 노년층이 갈라서고 있음을 뜻하죠. 최근 증가하고 있는 황혼이혼은 주로 여성이 요구하는데, 그 이유는 '남은 인생은 나를 위해 살고 싶어서', '내가 힘들 때(가사와 육아)는 모른 체하더니, 퇴직한 뒤 이제 와서 잔소리하는 모습을 참을 수 없어서'였습니다. 젊어서는 아이를 키우며 남편을 위해 살았지만, 남은 인생은 나를 위해 쓰고 싶다는 것이죠.

안타까운 현실이지만 우리의 미래가 될 수도 있기에 더 이상 간과할 수는 없습니다. 우리가 사랑하는 배우자와 살아갈 날은 우리가 살아온 날들보다 분명 길어요. 지금처럼 결혼 정년이 늦어지는 추세에서는 자식을 키우는 기간보다 그 이후의 기간이 더 길 것이 자명합니다.

따라서 행복한 미래를 위해 더 이상 힘들어하는 아내를 외면하지 말아야 합니다. 불확실한 미래에는 투자하면서 확실한 미래는 외면하실 건가요? 남편이 아내의 힘든 상황을 외면하는 동안 아내는 마음속에서 남편의 자리를 서서히 지워갈지도 모릅니다. 나중에 돌아오려고 할 때는 이미 그 자리가 없어진 지 오래라면 굉장히 받아들이기 힘들 거라고 생각됩니다.

너무 이해 타산적이라고 생각되시나요? 물론 우리가 '사랑'이라는 감정에 이끌려 결혼한 것을 부정하려는 건 아닙니다. 처음 떨렸던 마음은 서로를 끌어당기기에 충분했죠. 그러나 부부 관계를 지속하는 데는 '노력'이 필요합니다. 저는 오히려 이렇게 말하고 싶습니다. '노력하지 않고 노년의 행복한 삶을 바라는 것 자체가 나쁜 마음 아닌가'라고요.

최근 '졸혼'이라는 형태로 별거하는 부부가 늘고 있습니다. 황혼이혼에 졸혼까지 합한다면 상황은 더욱 심각하죠. '인간의 기본 욕구조차 해결할 수 없는 육아'에 대해 다시 한번 설명할 필요도 없을 만큼, 이 땅의 어머니들은 지금도 자신의 인생을 포기한 채 살아갑니다. 지금이라도 더 늦기 전에 우리가 해야 할 일은 아내를 이해하고 함께하는 것입니다. 아내를 위한 남편의 노력은 곧 '미래를 위한 투자'입니다. 우리 부부의 행복한 노년을 위한 '행복 저축'쯤으로 생각해도 좋습니다. 늦기 전에 하루라도 빨리 아내의 고통을 감싸 안아주세요.

사랑한다면, 육아하세요

지금까지 저는 '이제부터 아내와 함께 가사 및 육아에 참여하자'고 주장했습니다. 아이가 태어나면 정말 '아무것도 못하는 하루'가 되니 직장에서 돌아와 저녁시간 동안 아내와 육아를 분담해야 하며, 이것이 행복한 가정 그리고 미래를 위한 투자라고 했어요.

자, 이제 아내와 함께 육아를 시작할 남편들이 '실수 없이' 잘할 수 있도록 제 에피소드에 '조언'을 담아 들려드리겠습니다. 이미 아내와 함께 육아를 하는 남편에게도 해당되니 집중하시기 바랍니다. 때는 제가 아직 직장에 다닐 무렵으로 돌아갑니다.

육아휴직 전 저는 육아에 관해선 자신감도 충만했고 준비도 철저했어요. 그 준비 중 한 가지는 '독서'여서 시중에 나온 '아빠육아'에 관련된 책은 거의 다 보았습니다. 중요한 내용에 밑줄도 긋고 태그도 하며 열심히 읽었어요.

그렇게 많은 책을 읽고 '나만의 육아관'을 정리하니 자신감이 생겼습니다. 최고의 아빠가 되어 양질의 육아를 할 수 있으리라 확신했죠. 의지도 좋았고 용기도 나쁘지 않았습니다. 그러나 곧 한계에 다다랐습니다.

결론부터 말하면 '아내를 위한 육아'를 염두에 두었어야 했습니다. 제 실수는 육아에서 고려대상을 '아이'로만 한정하고 시작한 것이었어요.

"무슨 뚱딴지 같은 소리야? 육아라고 하면 아이를 키우는 거지 아내를 위한 육아라니?"라고 말할지 모르겠지만, 육아를 할 때 아이만 생각하면 그 자체로 '한계'를 지닙니다.

어떤 한계가 있는지 말하려면 먼저 '아이만 고려대상에 넣는 육아관'을 정립해준 '아빠육아'를 먼저 알아야겠지요. 시중에 나와 있는 육아책에서 말하는 아빠육아의 장점들을 열거해보면 다음과 같습니다.

1. 학업 성취도에 긍정적인 영향을 미침
2. 사회성과 긍정적 자존감 형성으로 자신감과 도전의식을 심어줌
3. 사회에 대한 이해의 폭이 커지며, 자신의 감정을 파악하고 표현하는 데 좋은 영향력을 끼침

위에 열거한 아빠육아의 장점을 보면 '아이'에게만 육아의 포커스를 맞추고 있음을 알 수 있습니다. 간혹 몇몇 책에서 아내가 언급되더라도 '아내를 도와주면 좋다', '아내와 함께 육아하는 것을 추천한다' 정도로 간단하게 기술하고 있었습니다. 그래서 저 또한 그 중요성을 파악하지 못하고 자연스레 육아의 고려대상을 아이로 한정했습니다.

사실, 육아책이 아이를 키우는 일만 말하는 것 자체는 틀린 게 아니에요. 그러나 '아이만을 위한 육아'는 말 그대로 '바른 글'입니다. 이건 마치 "매일 운동하면 건강에 좋으니 지금 바로 시작하세요", "영어회화를 공부하면 나중에 큰 도움이 됩니다"라는 말과 같습니다. 운동이나 영어공부를 하면 좋다는 것은 알지만, 피곤한 나를 설득하거나 동기부여하기에는 부족하죠.

아빠육아로 달라지는 것들

그렇습니다. 컨디션이 좋은 날은 그럭저럭 아이를 돌볼 수 있었지만, 힘들 때 제 육아는 무너졌어요. 책에 나온 대로 아빠가 육아에 참여하면 아이에게 긍정적 효과를 불러일으킨단 사실은 알았으나, 내 몸이 힘들어지니 책 속 '바른 글'은 별 도움이 되지 못했습니다. '날 설득하기에 부족했다'라는 표현이 더 맞겠네요.

몸이 힘들자 마음속에서 육아는 '꼭 해야 되는 것'이 아닌 '하면 좋은 것'으로 변해갔고, 제 '아빠육아'는 더 이상 이루어지지 않았습니다. 퇴근 후 아이를 멀리하기 시작했고, 육아의 책임을 아내에게 미루었습니다.

이런 방황의 시간을 겪고서 제가 찾아낸 것이 바로 '아내를 위한 육아'입니다. 육아에 '아내'라는 요소가 들어가면 그때부터 변화가 시작됩니다. 왜일까요?

육아의 고려대상에 아내를 포함하면 아내가 하는 '가사'의 무게를 생각하게 됩니다. 나의 피곤한 몸 상태가 거짓이 아니듯, 아내도 하루 종일 힘들게 육아를 했으니 이 역시 배려해야 한다는 사실을 인지하게 되죠. 이를 통해 '나도 힘들지만, 함께하지 않으면 아내가 더 힘들어진다'는 결론에 이르고 육아는 '하면 좋은 것'이 아닌 '꼭 해야 되는 것'으로 바뀝니다.

나의 힘듦을 통해서 아내의 고통에 공감하고 육아에 '책임의식'을 갖게 되는 것이 바로 '아내를 위한 육아'의 힘입니다. 육아로 힘들 때마다 아내를 생각해보시면 어떨까요? 오늘도 '본인 없는 하루'를 보냈을 사람을 위해서 말이죠.

육아에 가계부가
왜 필요할까요

변화한 시대의 흐름 속에서 많은 가정이 맞벌이를 합니다. 혹은 각박한 현실 때문에 어쩔 수 없이 일터로 내몰린 가정도 있겠지요. 이유야 어찌되었든 부부가 같이 일을 해서 벌이가 늘어나면 이에 비례해 씀씀이도 늘어납니다. 열심히 일한 만큼 좀 더 풍족하게 살 수 있다는 뜻이기도 합니다.

그런데 이런 상황에서 출산으로 한 명이 육아휴직을 하면 가계에 큰 공백이 생깁니다. 적어도 육아를 하는 동안에는 지금까지의 소비패턴을 바꾸어야만 가계의 유지가 가능하죠.

저는 별다른 준비 없이 육아휴직을 시작했다가 뒤늦게 후회한 케이스입니다. 휴직 초기엔 아무런 계획 없이 소비를 했습니다. 막연히 '모아둔 돈으로 생활할 수 있겠지' 하는 안일한 생각뿐이었습니다.

그러나 한 달 두 달 정신없이 긁어댄 카드 값은 점점 불어나더니, 급기야 은행의 잔고를 넘어섰습니다. 카드 값을 메우기 위해 우리 부부는 예금을 해지하고 나서야 사태의 심각성을 깨달아 뒤늦게 가계부를 쓰기 시작했고 곧 안정을 되찾았습니다.

솔직히 말해서 '가계부를 적는 특별한 노하우'라고 할 만한 것은 별로 없습니다. 제가 쓴 가계부는 아주 평범했어요. 항목을 세부적으로 나누어 쓸 수 있게 배열되어 있었지만, 그마저도 일일이 작성한 기억은 손에 꼽을 정도로 적습니다.

"가계부를 잘 쓰지도 못하면서, 가계부가 중요하다고 말하는 건 또 뭐야?"라고 누군가 지적한다면 딱히 할 말은 없습니다. 그러나 서툴러도 가계부를 작성해보면 돈의 흐름에 기민하게 반응하게 된다는 건 장담할 수 있습니다. 그 이유는 다음과 같습니다.

매일 가계부에 하루의 지출을 써 내려가다 보면 다소 '유익하지 않은 지출'을 눈으로 확인할 수 있습니다. 예를 들어 마트에서 대량으로 장을 보고 냉장고 구석에 처박아뒀다가 버리는 식료품이라든지, 옷이 필요해 사러 갔다가 입지도 않을 옷을 여러 벌 충동구매하는 일 등이죠.

또한 마트에 가서 '1+1' 상품을 발견하면 횡재라도 한듯 구매하던 나는 없어지고, '남은 생활비'와 '잔여일 수'를 떠올리며 구매를 자제하게 됩니다. 식자재가 부족할 때는 냉장고를 뒤져 찾은 재료로 음식을 하고, 한 가지 식재료로 다양한 요리를 해 먹기도 하는 등 생존방법을 터득하게 되죠. 요리 솜씨가 좋아지는 것은 보너스로 따라오고요.

'무의미한 지출'을 줄이기만 해도 육아로 비롯된 가계 변화에 적극적으로 대응할 수 있게 되어 금전적으로 안정된 삶이 가능해집니다. 더 노력한다면 상당한 금액을 저축할 수도 있습니다. 이렇듯 장점이 많은 가계부를 처음 써보려는 여러분에게 '핵심'이라고 할 만한 것을 알려드릴게요.

절약이 쉬워지는 가계부 작성법

먼저 고정 지출을 계산해야 합니다. 관리비, 가스요금, 전기요금, 각종 세금 등 '생계유지를 위해 반드시 지불해야 하는 비용'을 먼저 정리합니다. 이 금액은 아무리 급해도 '통장잔고로 남겨둬야 한다'는 사실을 인식하기만 해도 '오래된 예금을 해지하는 일'을 방지할 수 있습니다.

다음은 고정 수입입니다. 한 명의 월급에 다음의 것들을 더합니다. '육아휴직수당', '양육수당', '아동수당' 등이죠. 여기서 추가적인 부수입까지 파악했다면 '고정 수입과 고정 지출의 차액'을 계산합니다.

이 결과가 여러분의 '생활비'가 되며, 앞으로 식료품을 사고 아이 기저귀와 분유를 구입하는 데 쓰입니다. 처음에야 부족하다는 생각이 들지도 모르지만 불필요한 지출은 피한다면 충분한 금액입니다.

다시 한번 정리하겠습니다. 가계부를 적다 보면 자연스럽게 "내가 불필요한 지출을 많이 하고 있었구나" 하고 깨달음을 얻지요. 그리고 '불필요한 지출을 줄이는 습관'이 몸에 배면 출산 후 경제적으로 윤택한 생활을 할 수 있죠. 따라서 '가계의 수입과 지출을 확인'하고 '현명한 소비'를 하기 위해 가계부 작성은 필수입니다. 특히 휴직으로 인해 가계의 총수입이 줄어든다면 반드시 작성해야 해요.

그러나 육아에 지치고 삶이 힘들다 보면 매일 가계부를 적는 일 자체가 하나의 부담으로 느껴질 수 있습니다. 그래서 차선책으로 추천하고

아빠육아로 달라지는 것들

싶은 방법이 하나 있어요. 저도 현재 병행하고 있는 방법입니다.

일단 고정 지출과 고정 수입을 고려하여 생활비를 계산하는 과정까지는 동일합니다. 다만 '가계'를 유지하기 위해 '생활비 달력'을 이용하는 점이 다르지요. 여기에 '신용카드'와 '체크카드'가 각각 한 장씩 더 있으면 됩니다. 그럼 먼저 생활비 달력에 대해 설명할게요.

생활비 달력에는 1부터 31까지 숫자가 적힌 주머니가 달려 있습니다. 이 주머니는 '매일 현금으로 지출할 금액'을 "오늘은 이 범위 내에서 사용해야" 하고 계획하는 용도입니다. 기본적으로 달력에 있는 금액으로만 생활한다고 이해하시면 됩니다.

오늘 사용하지 않은 금액은 다음 날로 넘겨서 모아 두고, 모자란다면 앞당겨서 쓰면 돼요. 계획과 달리 앞당겨 쓰면 무슨 소용이 있느냐는 의문도 들겠지만, 실제로 오늘에 해당하는 주머니에 '돈'이 들어있지 않으면 무의식적으로 "오늘은 아껴야겠구나" 하는 생각이 저절로 듭니다. 자연스럽게 절약의 길로 접어들게 되죠.

그러나 매 순간 계획대로 살 수 없듯 때에 따라 긴급하게 써야 할 금액이 있습니다. 아이가 아프다거나 경조사가 생긴다거나 하는 거죠. 이를 위해 '체크카드'가 필요합니다. 체크카드는 생활비가 모자라거나 계획하지 못한 일들을 위한 대비책, 즉 비상금입니다. 이때 체크카드가 연결되어 있는 통장에 너무 많은 돈을 넣어두면 '절약'하려는 의지가 약해질 수 있으므로 한두 달 사용해보고 적절한 금액만 넣어서 사용하길 추천합니다. 이는 체크카드의 가장 큰 장점인 동시에 과소비를 막아주는 안전장치 역할을 해줍니다.

나머지 한 장의 신용카드는 고정 지출을 위한 용도로 '관리비', '가스비' 및 '각종 공과금' 그리고 '핸드폰 요금' 등이 빠져나가게 설계하면 편리합니다. 여기에 카드사에서 주는 혜택을 이용하여 적지 않은 금액을 절약한다면, 가계에 쏠쏠히 도움이 됩니다.

눈에 보이기 시작하면 절약이 쉬워집니다. 한 달 계획을 하루 단위로 쪼개면 쉽게 원하는 목표를 이룰 수 있어요. 늦게 깨달아 저처럼 후회하는 사람이 없기를 바라면서, 제가 추천한 이 방법을 본격적인 육아에 돌입하기 전부터 시작하길 권합니다.

아빠육아로 달라지는 것들

아이야, 이제
네 마음을 알겠어

서두에 말씀드렸듯이 이 책은 어떻게 아이를 키울 것인가를 다룬 책이 아닙니다. 그보다는 '부모'에 집중하고 '어떻게 육아를 바라보아야 하는지'에 초점을 맞추었죠.

"어떻게 아이를 키울 것인가"라는 질문에 답해주는 다른 책의 내용에다 개인적 경험을 가미하여 글을 쓴다면 조금 더 쉽게 접근할 수 있었을 겁니다. 그러나 그것은 저의 가치관과 맞지 않더군요.

무엇보다도 저는 육아 전문가가 아닙니다. 육아책을 읽는 한 명의 '독자'일 뿐이지요. 결국 독자의 입장에서 작가의 의도를 백퍼센트 이해하기란 불가능하며, 저도 전부 이해하지 못한 것을 누군가에게 전달했다가는 '오해'를 불러일으킬 수 있습니다. 게다가 좋은 육아책은 시중에 이미 많아요. 이 책보다 더 전문적인 지식을 쉽게 전달하는 책도 있고요.

그런데도 불구하고 독자분들이 이것만큼은 꼭 알았으면 하는 내용들을 소개하겠습니다. 물론 이 내용들은 제가 제시한 기준으로 고른 책에서 얻은 정확한 근거를 토대로 합니다. '이것만은 미리 알았더라면 좋았을' 내용을 최대한 오해 없이 풀어보겠습니다. 육아로 힘든 우리 마음을 풀어줄 답을요.

앞에서 울고 떼쓰는 아이가 어떻게 부모를 힘들게 하는지, 그럴 때면 부모가 어떻게 반응하는지에 대해 많은 페이지를 할애하여 이야기했습니다. 이제 육아를 하다 보면 본인도 모르게 한두 번 화낼 수도 있는 일이며, 그것으로 육아 전반을 평가할 수는 없다는 사실을 깨달으셨을 거예요. 육아는 당사자가 제일 힘든 싸움입니다.

그래도 아직까지 '우리 아이는 세상에서 둘째가라면 서러울 만큼 순둥이라 화낼 일이 없는걸'이라고 생각한다면, 지금이라도 그 마음을 거둬들이기 바랍니다. 순둥순둥 귀엽던 아이가 미운 세 살이 되면 '누굴 닮았는지 의심스럽다'라고 탄식할 만큼 변할 테니까요.

화 한번 냈다고 잘못되지는 않아요

아이는 커가면서 좋고 싫음이 분명해지고, 원하는 바를 이루기 위해 '누구에게 가야 하는지', '어떻게 해야 하는지(울거나 또는 애교를 부리거나)'를 알아갑니다. 지금까지 알고 있던 아이는 사라지고, 부모의 의지대로 움직여주지 않는 말썽꾸러기만 남죠. 이런 아이를 키우다 보면 부모는 한계에 다다르다가 결국 화를 내게 됩니다.

그러나 "아이를 키우다 보면 어쩔 수 없이 화를 내게 됩니다"라고 단정적으로 말하면 반감을 살 여지가 있습니다. 이 글을 읽다가 '아이에게

아빠육아로 달라지는 것들

화내지 말아야 하는 이유'를 대며, 저를 나무라는 분도 있을 거예요. '아이가 긴장상태에 빠지면 코르티솔의 분비가 증가해 교감신경의 균형이 깨지고, 뇌의 시상으로 가는 정보가 제대로 전달되지 않아 정상적 사고를 할 수 없는 상태에 이른다'라는 논리적인 근거를 들면서 말이죠. 저 역시 이 말에 반박하고 싶진 않습니다. 지극히 맞는 말이고, 저 역시 이러한 이유로, 아이에게 화가 나더라도 최대한 화를 억누르려고 하니까요.

그러나 지금까지는 한 번도 화를 내지 않았다 할지라도 언젠가 한 번쯤은 '화를 다스리지 못하는 상황'이 반드시 찾아옵니다. 그때를 대비해야 해요. 우리가 어쩔 수 없는 상황이 닥쳤을 때 '부모'가 어떤 마음가짐을 가져야 하는지 알아야 합니다. 저의 실수처럼 '나에 대한 실망감'으로 한동안 아무것도 못하는 분이 없었으면 합니다.

그럼 아이에게 화가 날 때는 어떻게 해야 할까요?

《내 아이를 위한 감정코칭》에서 존 가트맨 박사는 "아이를 훈육할 때 약 40%만 감정코칭을 해주어도 우리가 기대하는 효과를 얻을 수 있으며, 설령 부모가 화를 내거나 적절하게 대응하지 못할 때도 이미 신뢰가 구축된 관계에서는 아이가 크게 상처를 입지 않는다"라고 조언합니다.

아이의 감정을 좋고 나쁨으로 구분하지 않고, 있는 그대로 이해해주며 아이로 하여금 행동의 한계를 지정해주는 감정코칭을 통해, 흥분상태인 아이의 감정을 이해하고 다독여주어 이미 아이와 충분한 정서적 유대감이 형성되었다면, 순간적인 화가 아이를 크게 망치거나 지금까지의 관계를 무너뜨리는 결과를 초래하지는 않는다는 말이에요.

그렇다고 해서 '이제 아이에게 마음껏 화내도 되겠네!'라고 생각하진 않으시겠죠? 부모라면 누구나 그 순간엔 아무리 화가 나더라도 지나고 나면 아이에게 미안한 감정만 남는 것을 부정할 수 없습니다.

다만, 아이에게 화낸 자신을 너무 나무라지 말라고 말하고 싶어요. 우리는 차근차근 부모가 되어가는 중이고, 부모이기 이전에 감정에 반응하는 한 명의 '인간'이기 때문입니다. 화를 낸 것도 더 잘하려다가 그런 것임을 우리 스스로 잘 알고 있으니 괜찮습니다. 힘내세요.

물건을 던지고 때리면서 웃는 아이

아이와 함께 며칠을 보내고 나면 육아가 얼마나 만만치 않은지 금방 알수 있습니다. 어쩌면 첫날을 시작하자마자 손들고 포기하고 싶어질 수도 있죠. 아이는 결코 우리 마음대로 통제되지 않으니까요. 때리고, 울고, 빼앗고, 이 3종 세트로 부모를 들었다 놨다 하는 아이와 함께 지내다 보면 내 감정도 롤러코스터처럼 오르락내리락합니다. 화도 내보고 달래도 보지만 변하는 건 없습니다. 이럴 때면 얼마나 난감한지 모릅니다.

아이가 좋아하는 장난감 소방차로 함께 놀던 어느 날이었습니다. 딸아이는 멋진 소방대원, 저는 친구의 집에 불을 내는 '악당' 역할이었죠. 소방차가 한 곳에 불을 끄면 저는 다른 집에 불을 지르고 도망갔습니다. 얄미워 보일 수도 있지만 한참을 재미있게 놀았어요. 아이도 깔깔거리며 매우 만족했습니다. 그런데 갑자기 제 얼굴로 소방차가 날아왔어요. 너무나 갑작스러운 공격에 어안이 벙벙해서 아이를 쳐다보는데 아무렇지도 않게 웃으며 절 바라보기에 깜짝 놀랐습니다.

아빠니까 멋지게 참아보려 했으나 당황스럽기도 하고 아파서 아이에게 소방차를 돌려주며 말했어요. "물건을 던지면 아프니까 조심해야 해.

다음부턴 그러지 말자"라고 말이죠. 그러나 말이 끝나기도 전, 아이는 다시 한번 소방차로 제 가슴을 때렸습니다. 이번에도 역시 웃고 있었죠. 한번만 더 타일러보자는 마음으로 다시 소방차를 돌려주었지만 아이는 다시금 소방차를 던졌습니다. 여전히 웃는 얼굴로 말이에요.

이건 아니다 싶어 소방차를 빼앗았더니 이번엔 물건들이 손에 잡히는 대로 날아왔습니다. 던질 게 모두 없어지자 고사리 같은 손으로 저를 때리기 시작했습니다. 저도 결국 화가 났죠.

무서운 얼굴로 아이의 양 손을 잡고 낮게 깐 목소리로 훈계를 했습니다. "계속 그러면 아빠가 화낼 거예요"라고요. 이쯤 되면 눈물을 그렁대며 속상해할 거라고 예상했죠.

그러나…… 아이는 여전히 저를 보고 웃고 있었습니다. 마치 자신의 행동이 어떤 결과를 초래했는지 모르는 것처럼 말이에요. 그다음 제가 아이에게 어떻게 했을지는 상상에 맡기고, 다시 본론으로 돌아오겠습니다.

아이는 아직, 자기 행동이 잘못되었는지 몰라요

이런 상황은 분명 모든 부모에게 고민을 안겨줍니다. "내 교육이 잘못되었을까?" 혹은 "내 아이에게 문제가 있는 것은 아닌가?"라는 고민이 꼬리에 꼬리를 물고 이어지죠. 하지만 지금 이 글을 읽는 독자라면 더 이상 저와 같은 자괴감에 빠지지 않아도 됩니다.

아동심리 전문가이자 현재 가톨릭대학교 심리학과 교수로 재직 중인 정윤경 교수는 저서《장난감 육아의 비밀》에서 아이의 이런 현상을 다음과 같이 설명합니다.

"3세 미만의 유아들은 다른 사람의 마음을 이해하는 능력인 사회인지가 아직 발달하지 않은 상태이다. 그래서 나는 좋아하지만 다른 사람을 싫어할 수도 있다는 것, 나는 알고 있지만 다른 사람은 모를 수도 있다는 것을 이해하지 못한다."

그래서 딸아이는 저를 때리면서 웃었나 봅니다. 자신이 한 행동이 어떤 결과를 가져오는지 모른 채 그저 하나의 '놀이'로 생각한 거죠. 이로써 전 '아이의 이해할 수 없는 행동'을 '이해'할 수 있었습니다. 알지 못했다면 부녀관계가 계속 악화될 뻔했어요.

이걸로 끝이라면 조금 부족하다는 생각이 들 겁니다. 문제의 원인을 이해했으니 해결책도 내놓아야겠지요? 우리의 기대에 부응할 해결책을 소개합니다. 정윤경 교수는 이 시기에는 아이가 왕성한 '에너지'를 분출할 필요가 있다고 강조합니다.

"천성적으로 가지고 있는 강한 에너지와 거친 행동이 잘 조절되지 않을 때, 이를 처벌하고 억제하기보다는 안전하게 배출할 수 있도록 가르치고 도움을 주어야 한다."

여기서 소개하는 방법은 다음과 같습니다. 아이에게 장난감 총이나 샌드백, 권투 글러브 같은 놀이 도구를 준비해주는 거예요. 이를 활용한 활동적 놀이를 통해 아이는 자신 안에 있는 '에너지를 소비'하게 되고, 에너지와 스트레스를 해소하여 공격성을 조절할 수 있게 됩니다. 다만, 이 방법은 만 4세가 넘는 아이에게 추천합니다.

아빠육아로 달라지는 것들

아직 아이가 어려서 이런 방법을 실행에 옮기지 못할 때는 부모의 역할이 중요합니다. 아직 성숙하지 않은 아이에게 화내기보다는, 상황을 이해하고 다른 놀이로 아이를 유도해주세요. 이해하기 힘든 아이의 행동에 놀라거나 순간적으로 아픈 것을 못 참고 싸우면 상처만 남습니다.

성급한 부모, 우울한 아이

우리나라의 교육열은 세상 어느 곳에 내놓아도 손색이 없을 만큼 뜨겁습니다. 부모라면 자식에게 관심을 가지는 것은 당연하지만 유독 우리나라는 교육 쪽으로 열의가 엄청나죠. 저는 그런 열정이야말로 외신들이 말하는 '한강의 기적'을 만들었다고 생각합니다. 지금은 26위에 머물고 있지만 2007년에는 세계경제포럼(WEF)에서 세계 11위라는 위치에 올라갔을 만큼 세계에서 우리나라가 차지하는 위상은 높아졌습니다. 그 이면에 '교육열'이라는 성장 동력이 있었음은 부인할 수 없는 사실이며, 육아를 하는 사람들의 가장 큰 공통 관심사 역시 단연 '교육'입니다.

예나 지금이나 자녀를 향한 우리나라 부모들의 지대한 관심은 여전하지요. 자녀교육을 위해 모든 것을 아끼지 않습니다. 그런데 만약 이러한 노력이 제대로 된 성과로 연결되지 않는다면 누가 가장 힘들까요.

물론 교육받는 아이도 힘들겠지만, 부모는 더하면 더했지 결코 덜 힘들지는 않을 겁니다. 결과를 두고 자신을 채근하며 더욱 힘들어하겠지요. 같은 부모로서 이런 노력과 수고가 헛되지 않을 방법을 나누고자 합니다. 노력 대비 결과를 최대로 뽑아낼 '가성비' 좋은 방법을요. 이를 설명하기 전에 누구나 한 번쯤 경험해보았을 '견학'의 어려움을 먼저 짚고 넘어가겠습니다.

부모가 되면 당연히 자녀에게 최고의 교육을 제공하고 싶은 마음이 생깁니다. 멋진 아이로 키우고 싶은 욕심이라고나 할까요. 그리고 이를 위한 방법을 고민하고 실천하기 위해 계획하느라 바빠집니다. 그중에서 가장 쉽게 실행에 옮길 수 있는 것이 아마 견학일 거예요. 견학을 하면 '백문이 불여일견'이라는 말처럼, 직접 현장에 가서 '있는 그대로' 느끼고 배울 수 있습니다.

견학을 하려면 그다지 꼼꼼한 성격이 아니더라도 기본적으로 견학지까지 갈 교통수단을 정하고, 입장시간에 맞게 이동 계획을 세워야 합니다. 조금 더 준비한다고 해도 '어떤 순서'로 이동할지 결정하는 정도겠죠. 그러나 육아에서 '계획'대로 되는 경우는 거의 없습니다. 아이는 나의 마음을 아는지 모르는지, 원하는 대로 움직여주지 않아요.

황금 같은 주말을 투자해서 좋은 경험을 만들어주려고 일부러 견학을 왔는데, 오히려 아이와 씨름하다 분위기만 험악해져서 얼굴을 붉힌 채 집으로 돌아오면 그야말로 온몸에 힘이 쫙 빠집니다. 원하는 결과를 얻지 못한 탓에 피곤과 실망감은 두 배가 되죠. 그런데 처음부터 나의 계획에 큰 오류가 있었다면? 덧셈 뺄셈을 배워야 할 아이에게 억지로 미분과 적분을 받아들이라고 강요하는 상황 말이에요. 우리의 실수는 대부분 시기와 연관됩니다. 다음을 살펴보면 확실히 이해하실 거예요.

EBS '놀이의 반란' 제작팀이 발간한 책《놀이의 반란》에서 서울대 의대 서유헌 교수는 아이들의 뇌 발달을 이해하지 않고서는 올바르고 효과적인 교육이 불가능하다고 전제하며 다음과 같이 '뇌 발달'을 이야기합니다.

아빠육아로 달라지는 것들

서 교수에 따르면 아이가 어떤 상태인지 그리고 어떤 것을 받아들일 준비가 되었는지 알 때 우리의 육아는 한층 더 쉬워진다고 합니다. 이를 위해 당연히 아동의 뇌 발달에 관한 이해가 선행되어야겠지요.

먼저 0~3세 시기에는 감정과 정서 발달이 주를 이룹니다. 따라서 오감을 위주로 한 다양한 자극을 주어 뇌를 발달시키는 활동을 추천합니다.

만 3~6세가 되면 뇌의 앞부분인 전두엽이 집중적으로 발달하며, 예절이나 인성 교육이 필요한 시기입니다. 덧셈이나 뺄셈보다는 사회성의 기본이 되는 인성교육이 이루어져야 하죠.

이런 발달과정이 다 끝나고 최소한 만 5~6세에 이르러서야 아이는 '학습'을 할 준비가 됩니다. 이 시기부터 아이들의 뇌에서는 '집중력', '기억력', '창의력' 등이 발달합니다.

서 교수는 만약 이 시기 이전, 즉 뇌가 준비되기 전 무리한 학습이 이루어진다면 효과가 아주 더디거나 전혀 나타나지 않을 수 있다고 경고합니다.

게다가 아이의 발달과정을 무시한 학습은 '효율의 감퇴'를 넘어서 '우울증'을 야기하기도 합니다. 한림대학교 성심병원 홍현주 교수의 연구결과에 따르면 학습과 예체능을 포함해 '하루 4시간 이상 조기교육'을 받은 아이 중 30%가 우울증을 겪는 것으로 나타났습니다.

이렇듯 아직 준비가 되지 않은 아이에게 아무리 가르친들 자녀의 변화는 더디고 부모는 마음이 답답할 뿐입니다. 누구의 잘못이 아니에요. 단지 아직 준비되지 않았을 뿐입니다. 그러니 조급해하지 말고 배우기에 적절한 시기가 올 때까지 조금만 기다려 주면 어떨까요?

앞의 글로 미루어 짐작하건대 '학습을 위한 준비'가 되어 있을 때 비로소 '가성비 좋은 교육이 가능'합니다. 그전에 교육해봤자 효율이 떨어지고, 정서적으로도 부정적인 영향을 미칠 가능성이 있어서 위험합니다.

이를 종합해 '아이가 만 5세 이상이 된 이후에 견학이나 체험을 통해 많은 것을 가르쳐 주어야 한다'는 결론을 얻었다고 해볼게요. 꽤 만족스러운 결과입니다. 그러나 미리 말하지만 이는 반은 맞고 반은 틀린 생각이 될 수 있어요. 왜 그런지 살펴보겠습니다.

우리가 '견학' 또는 '체험학습'을 하는 이유는 무엇일까요? 부모들은 황금 같은 '주말'을 이용하여 아이와 박물관이나 미술관 혹은 연극을 관람하러 갑니다. 이것만으로도 굉장한 투자죠. 주말에 일주일 동안 쌓인 피로를 풀 수도 있고, 자신이 하고 싶은 일을 할 수도 있지만 모든 것을 제쳐 두고 아이를 위해 시간을 쓰니까요.

어떻게 보면 이런 학습 방법은 꽤나 비효율적입니다. 뭔가를 직접 보고 경험하기 위해서는 외출을 준비하고 목적지로 이동해야 합니다. 주말 나들이 인파 속에 끼어 답답한 시간을 보내야 할 수도 있고, 현장에서 입장료 명목으로 지불해야 하는 금액 등을 생각해볼 때 책이나 인터넷 동영상으로 학습하는 것에 비해 낭비가 심하죠. '그 시간에 책상에 앉아 책으로 공부하는 것이 효율적'이라는 생각이 들 수 있습니다. 그런데도 굳이 어떤 장소를 찾아가서 직접 보는 것을 택하는 이유는 바로 '흥미'라는 요소를 느끼기 위해서입니다.

조금 더 많은 시간을 투자해야 하고 비효율적으로 움직일 수도 있지만, 견학이나 체험학습을 통해 얻은 지식은 머릿속에서 쉽사리 사라지지 않습니다. "이것도 중요하니 외우고, 저것도 공부해라" 하는 식으로 억지로 주입한 지식이 아닌 살아있는 지식이니까요. 스스로 즐거움을 느낀다면 그것은 공부가 아닌 흥미로운 일이 되고, 단순히 글자만 학습하는 것보다 머릿속에 인상 깊게 새겨질 겁니다. 그래서 대부분의 사람들이 이 '흥미를 잃지 않는 학습방법'을 선호하지요. 하지만 견학을 계획할 때 조금 유의해야 할 사항이 있습니다.

서유현 교수는 부모가 매주 시간을 쪼개 여러 가지 활동을 해주어도 아이가 이를 단순히 '학습'이라고만 받아들인다면, 부모가 바라는 기대 효과는 나타나지 않을 것이라고 말합니다. '억지로' 끌려가는 견학은 아이들에게서 어떠한 흥미도 이끌어 내지 못하며, 아이들의 발전에 별 도움이 되지 않을 수 있어요. 그럴 바에야 차라리 집에서 책으로 공부하는 게 더 나을지도 모르겠습니다. 그렇다면 어떻게 해야 할까요?

만약 어떠한 견학이나 체험활동을 계획한다면 '무엇을 원하는지' 그리고 '어떤 것을 하고 싶은지'를 아이가 주도적으로 결정할 수 있어야 합니다. 그래야만 단순한 학습이 아닌 진짜 체험으로 받아들일 수 있어요. 혼자 열심히 계획하고 실행해봤자 최악의 경우 '부모와 아이가 모두 힘들기만 한 결과'만 남을 수도 있으니 유의해야 합니다. 아이와 함께하는 계획만이 우리가 진짜 원하는 긍정적 효과를 이뤄낼 수 있습니다.

우리아이 '등원'하기

1. 어린이집

1) 보육료

만 0~5세 어린이집을 이용하는 영유아 가구의 아동에게 보육료를 지원하는 서비스로 '맞춤', '종일', '누리' 세 개의 과정으로 나뉜다. 만 0세에서 2세까지는 자격에 따라 종일반과 맞춤반으로 구분하며, 이후 누리반으로 이용 가능하다.

- 종일반: 맞벌이나 다자녀 가정 등이 이용 가능하며, 일 12시간을 운영한다.
- 맞춤반: 종일형이 아닌 모든 가정이 이용 가능한 서비스로 일 6시간을 보장한다. 추가로 필요시 긴급하게 사용할 수 있는 시간을 월 15시간 바우처의 형태로 제공한다. 사용하지 않은 바우처는 이월되어, 익년 2월까지 사용 가능하다.
- 누리과정: 어린이집(유치원)에 다니는 만 3~5세 어린이들의 공평한 교육과 보육기회 보장을 위해 시행하는 표준 교육이다.

2) 신청방법

주민센터 방문 또는 복지로 사이트에서 신청할 수 있다. 신청이 완료되면 임신육아종합포털 (www.childcare.go.kr)에 가입하여 원하는 어린이집에 '입소대기 신청'을 하면 된다.

3) 유의사항

양육수당에서 보육료 변경 시 '신청 시점'에 유의한다. 변경 신청일이 해당 월의 15일이 넘어

아빠육아로 달라지는 것들

가면, 당월에는 양육수당으로 수당을 받게 된다. 따라서 어린이집에 대한 보육료는 자비로 부담해야 한다.

2. 유치원

1) 유아학비

국공립 또는 사립유치원에 다니는 만 3~5세 유아를 가진 학부모의 '유아학비 부담 완화를 통한 교육복지 구현', '유아교육 공교육화'를 위한 유아학비 지원을 목적으로 제공하는 서비스다. 국공립은 월 6만 원, 사립은 월 22만 원까지 지원한다.

2) 신청방법

주민센터 방문 또는 복지로 사이트에서 신청한다. 신청이 완료되면 '유치원 알리미(e-childschoolinfo.moe.go.kr)'에서 해당 기관에 관한 평가 및 입소인원 등을 확인한다. 원하는 유치원을 정했다면 내년에 있을 입소신청을 위해 '처음학교로(www.go-firstschool.go.kr)'에 방문한다. 매년 11월부터 신청 가능하며 새 학기가 시작되는 3월까지 운영한다. 모든 '공립유치원'은 처음학교로 홈페이지로 입소신청 가능하나, 사립의 경우 일부 등록되지 않은 곳에 한해 개별로 신청해야 하니 유선상으로 알아보자. 학비 결제 및 기타 지원에 관한 내용은 'e-유치원 시스템(www.childschool.go.kr)'에서 언제든 확인 가능하다.

3) 추가사항(어린이집 공통)

'보육비/유아학비' 이용 중 다음의 경우 시간제(종일제 제외) 아이 돌봄 서비스 이용이 가능하다.

- 이용자격: '법적 전염병' 혹은 '기타 사유로 등원이 불가한 경우' 혹은 '보육시설의 미운영'과 같이 보육서비스를 일시적으로 이용하지 하지 못하는 경우.
- 준비서류: 아이의 병에 관한 '확인서' 및 '보육시설을 이용하지 않았다는 증명서'가 필요함. 만약 해당 보육시설이 운영되지 않는 시간에 아이 돌봄 서비스가 필요하다면 '보육시설이 미운영된다는 확인서'가 있어야 함.

남자, 남편, 아빠로서
경험한 육아

전 세계 탄산음료 시장에서 코카콜라에 밀려 무려 100년 동안 2위를 고수했던 펩시를 1위로 올려놓고 2012년 〈포브스〉 선정 '세계에서 가장 영향력 있는 어머니' 부문에서 3위, 2017년 〈포춘〉 선정 '가장 영향력 있는 여성지도자' 부문에서 2위를 한 전 펩시 CEO 안드라 누이. 그녀의 일화를 소개하고자 합니다.

사회적 성공을 위해 육아보다는 일에 일생을 바쳐 온 힘을 다해 노력한 덕분에 세계적인 회사의 CEO가 되지 않았을까 하는 생각이 드는 사람이니 언뜻 보면 이 책과는 맞지 않을 듯합니다. 그러나 그녀의 이야기를 자세히 살펴보면, 부모들에게 필요한 소중한 교훈이 들어 있습니다.

안드라 누이가 처음 펩시 CEO로 지명된 날부터 이야기가 시작됩니다. 안드라 누이는 펩시의 CEO가 되었다는 기쁜 소식을 알리려고 집으로 한달음에 달려갔습니다. 마침 어머니를 모시고 있어서 가장 먼저 어머니께 그 소식을 전할 수 있었죠. 누구라도 그랬을 겁니다. 한 회사의 CEO가 되는 것은, 게다가 펩시 같은 대기업의 CEO가 되는 것은 누구나 쉽게 할 수 있는 일이 아니니까요. 그러나 딸이 전하는 말을 들은 어머니의 반응은 믿기지 않을 정도로 이상했습니다.

"잠시만 기다리겠니? 밖에 나가서 우유 좀 사 오렴."

안드라 누이는 기대하던 반응과는 너무나 다른 어머니의 말을 듣고 불만스러웠지만 애써 발걸음을 옮겼습니다. 그러나 우유를 사서 돌아오는 길에 들어섰을 즈음엔 화를 숨길 수 없었죠. 현관에 들어선 안드라 누이는 어머니에게 가서 자신이 어떤 사람이 되었는지 한 번 더 말씀드렸습니다.

"어머니, 제가 오늘 펩시의 회장이 되었어요. 이런 저에게 우유를 사오라고 시키신 거라구요!"

그러자 그녀의 어머니가 말했습니다.

"너는 펩시의 회장일 수 있어. 그러나 집에 돌아오면 우선 아내이자 엄마란다. 누구도 너를 대신해 그 역할을 할 수는 없어. 그러니 펩시의 회장이라는 왕관은 차고에 두고 오렴."

우리가 누구든, 어떤 일을 하든 집에서는 한 가정의 엄마 혹은 아빠입니다. 집 밖에선 부장님일 수도, 대학교수님일 수도, 혹은 유능하고 인정받는 사원일 수도 있지만, 집에서 기다리는 아이들은 그저 '나를 사랑해

줄 아빠, 엄마'를 필요로 할 뿐입니다.

그러니 왕관은 더 이상 집에 들고 오지 않았으면 해요. 부모의 자리 그리고 배우자의 역할은 우리가 아니고선 그 누구도 대신할 수 없기 때문입니다. 오늘 저녁부터는 모든 직함을 내려두고 사랑스런 자녀와 배우자의 눈을 바라보며 사랑한다고 말해보세요. 그 순간부터 진정한 행복이 시작되리라 확신합니다.

또한 이것이야말로 행복한 노년을 준비하는 최선의 선택이며 사랑하는 가족을 지키는 가장 확실한 방법입니다. 함께 육아하면 인생이 바뀌는 것을 느낄 수 있어요. 아내와 아이의 사랑을 한 몸에 받는 것은 당연합니다. 또한 육아가 '워라밸(Work and Life Balance)'의 진정한 균형점임을 실제로 육아를 해본 경험자인 제가 확실하게 보증합니다.

육아는 단순히 아이를 잘 키우는 결과를 얻는다고 끝나는 게 아니에요. 부부가 함께 육아를 하는 것은 서로를 이해하는 최고의 부부가 되는 방법입니다. 진정한 인생 동반자를 만드는 일이지요. 우리의 미래를 위해 오늘이라는 시간을 부부가 함께 육아하는 가정이 늘어나길 기원합니다.

아빠육아로 달라지는 것들